Jacques DANNE

# LE RADIUM

## SA PRÉPARATION ET SES PROPRIÉTÉS

PARIS

CH. BÉRANGER Éditeur

# LE RADIUM

## SA PRÉPARATION ET SES PROPRIÉTÉS

# Jacques DANNE

PRÉPARATEUR PARTICULIER DE M. CURIE

A L'ÉCOLE DE PHYSIQUE ET DE CHIMIE INDUSTRIELLES DE PARIS

# LE RADIUM

## SA PRÉPARATION ET SES PROPRIÉTÉS

## PRÉFACE

DE

## M. Ch. LAUTH

DIRECTEUR DE L'ÉCOLE DE PHYSIQUE ET DE CHIMIE INDUSTRIELLES DE PARIS

Extrait du GÉNIE CIVIL

## PARIS

## LIBRAIRIE POLYTECHNIQUE CH. BÉRANGER

Successeur de BAUDRY et Cie

15, RUE DES SAINTS-PÈRES

MÊME MAISON A LIÈGE : 21, RUE DE LA RÉGENCE

1904

# PRÉFACE

Dans l'une de ces réunions intimes auxquelles le *Génie Civil* convie les membres de son Comité supérieur de rédaction, et où nous signalons les travaux que chacun de nous observe à l'entour de lui, j'ai rappelé les découvertes faites par M. et M^me Curie dans les laboratoires de l'École de Physique et de Chimie industrielles de la Ville de Paris. J'ai fait connaître les patientes recherches auxquelles nous assistons depuis plusieurs années, et leur importance non seulement au point de vue de la physique et de la chimie, mais encore au point de vue de nos conceptions philosophiques sur la nature de la matière et sur l'énergie.

On m'a demandé, à la suite de cette communication, si je ne pourrais pas obtenir de M. Curie ou de l'un de ses collaborateurs un exposé destiné à mettre les lecteurs du *Génie Civil* au courant de ces remarquables recherches. M. Curie, trop absorbé par ses travaux de laboratoire, a confié à M. Danne le soin de rédiger cette notice qu'il a revue lui-même et dont nous avons eu le plaisir de donner la primeur aux lecteurs du *Génie Civil*.

M. Danne, qui remplit auprès de M. Curie les fonc-
tions de préparateur est un de nos plus brillants élèves ;
le poste qu'il occupe l'a mis en situation de traiter ce
sujet avec une très grande compétence, et d'exposer la
genèse de la découverte de M. et Mᵐᵉ Curie, les résultats
scientifiques actuellement acquis, ainsi que les conséquences qu'on en peut tirer.

Les publications qui ont été faites depuis l'attribution
du prix Nobel rendaient nécessaire une *mise au point* de la
question : à lire ces comptes rendus plus ou moins fantai-
sistes, il est impossible au public de soupçonner la somme
de travail, la patience, la hauteur de vues qu'ont exigées
ces recherches, et que, depuis des années je constate avec
une joie légitime pour notre École et pour la France, en
suivant les travaux de notre illustre professeur et de sa
femme. Sans doute, depuis ces quatre dernières années,
le monde scientifique connaissait l'importance des découvertes qui se poursuivaient rue Lhomond ; elles avaient été
exposées à plusieurs reprises dans des réunions savantes,
mais la modestie de leurs auteurs avait laissé le grand
public français dans l'ignorance, et ce n'est que lorsqu'il a
vu de quelles récompenses elles étaient l'objet, qu'il a compris la grandeur de l'œuvre de nos compatriotes. On sait
en effet, que M. et Mᵐᵉ Curie ont été appelés à partager,
avec M. H. Becquerel, le prix Nobel pour la Physique, et
que M. Curie avait reçu, peu de temps avant, la mé-
daille Davy qui est la plus haute récompense dont dispose la Société royale de Londres. L'Académie des Sciences

avait d'ailleurs reconnu en 1901 et en 1902 l'intérêt des découvertes de M. et M^{me} Curie en leur attribuant les prix La Caze et Debrousse. Nous sommes fiers de voir aujourd'hui leur mérite reconnu, et le directeur de l'École est heureux de contribuer à mettre en lumière les recherches qu'il a vu s'y développer.

Le travail de M. Danne que nous présentons au public est le résumé de l'*état actuel* de nos connaissances sur les propriétés des sels de radium; seuls y sont mentionnés les faits *définitivement acquis à la Science.*

L'auteur a divisé son exposé en plusieurs chapitres distincts : il présente d'abord l'historique de la découverte, fait connaître ensuite le mode d'extraction et la prépara-tion des sels de radium, en entrant dans des détails pré-cis non publiés jusqu'ici, puis il étudie leurs propriétés caractéristiques, leur rayonnement et les effets qu'il pro-duit, leur action physiologique si intéressante et qui per-met de prévoir des résultats de la plus haute importance dans la thérapeutique. Enfin il traite de la radioactivité induite et de sa production, et il termine par l'examen des diverses hypothèses mises en avant pour expliquer les phénomènes constatés qui paraissent en contradiction avec les lois généralement admises de la physique et de la chi-mie; tous ces faits, on le sait, préoccupent au plus haut point, le monde scientifique entier.

M. Danne a dû entrer, pour certaines parties de son travail, dans des détails un peu ardus, indispensables cependant pour la compréhension de questions aussi délicates; ces détails exposés avec netteté permettront, aux chimistes surtout, de lire avec fruit ces parties techniques. Quant aux parties relatives aux propriétés et aux applications des sels de radium, elles sont d'un intérêt captivant et ne manqueront pas de frapper vivement tous les lecteurs de cette étude.

CHARLES LAUTH,

*Directeur de l'École de Physique et de Chimie industrielles*
*de la Ville de Paris.*

# LE RADIUM

## SA PRÉPARATION ET SES PROPRIÉTÉS

———⌇∞⌇———

## HISTORIQUE

La découverte des phénomènes de la radioactivité se rattache aux recherches poursuivies, depuis la découverte des rayons de Röntgen, sur les effets photographiques des substances phosphorescentes et fluorescentes. La connaissance des propriétés des rayons de Röntgen a, en effet, engagé divers savants à rechercher si la propriété d'émettre des rayons très pénétrants n'était pas intimement liée à la phosphorescence.

En 1896, M. H. Becquerel, en étudiant les rayons émis par les corps phosphorescents, observa que, parmi eux, les sels d'uranium étaient la source de radiations spéciales ayant de grandes analogies avec les rayons de Röntgen et les rayons cathodiques. Cette émission de rayons ne puisant pas son énergie, au moins d'une façon apparente, dans l'absorption préalable de rayons calorifiques, lumineux, ultraviolets, cathodiques ou de Röntgen, on se trouvait là en présence d'un phénomène absolument nouveau, bien différent de la phosphorescence et de la fluorescence, puisque dans ces dernières la matière ne se comporte que comme un transformateur de rayons de courtes longueurs d'onde en rayons de longueurs d'onde plus grandes.

L'uranium métallique et ses composés ont la propriété d'émettre ces rayons d'une façon spontanée et continue.

Ces nouveaux rayons impressionnent les plaques photographiques à l'abri de la lumière; ils peuvent traverser toutes les substances solides, liquides et gazeuses, à condition que l'épaisseur en soit suffisamment faible; en traversant les gaz, ils les rendent faiblement conducteurs de l'électricité.

En 1898, M. Schmidt et M^me Curie trouvèrent, séparément, que le thorium jouit de propriétés analogues. M^me Curie donna le nom de *substances radioactives* aux corps tels que l'uranium et le thorium, et appela *rayons de Becquerel* les rayons qu'elles émettent spontanément. M^me Curie, reprenant les études de M. Becquerel, confirmait, en outre, l'hypothèse émise quelques années auparavant par ce savant, que la radioactivité des composés d'uranium et de thorium se présente comme une *propriété atomique*. Les phénomènes observés ne dépendent, en effet, que de l'élément uranium ou thorium contenu dans le composé.

Au cours de ses recherches, M^me Curie remarqua que certains composés naturels présentaient une activité tout à fait en désaccord avec les résultats précédents. Ainsi la pechblende (minerai d'oxyde d'uranium) se montrait quatre fois plus active que l'uranium métallique; la chalcolite (phosphate cristallisé de cuivre et d'uranium) était deux fois plus active que l'uranium.

Or, d'après les considérations énoncées plus haut, accordant à la radioactivité le caractère de propriété atomique, aucune de ces substances n'aurait dû se montrer plus active que l'uranium. D'autre part une chalcolite préparée artificiellement par la méthode de Debray, au moyen de produits purs, ne possédait qu'une activité normale deux fois et demie plus faible que celle de l'uranium métallique.

L'excès d'activité mis en évidence dans ces minéraux ne pouvait donc être dû qu'à la présence d'une petite quantité de matière fortement radioactive, différente de l'uranium, du thorium et des corps simples alors connus. On a pu résoudre le problème en faisant l'analyse de la pechblende par voie humide et en mesurant la radioactivité de tous les produits obtenus. Et en 1900, M. et M^me Curie, après un travail long, pénible et coûteux, découvraient deux éléments nouveaux un million de fois plus actifs que l'uranium : le *polonium*, corps voisin du bismuth, et le *radium*, corps voisin du baryum. Depuis, M. Debierne a séparé l'*actinium*, substance radioactive nouvelle, appartenant au groupe des terres rares.

Le radium constitue un *élément nouveau*; il a été obtenu à l'état de sel pur, et a puissamment contribué au développement de l'étude

Fig. 1. — M. et Mᵐᵉ Curie dans leur laboratoire de l'Ecole de Physique et de Chimie.

des phénomènes de la radioactivité. C'est lui seul qui fera l'objet de la présente étude.

La découverte du polonium, du radium et les nombreuses recherches effectuées sur ces substances ont été faites par M. et Mme Curie, dans leur laboratoire de l'École de Physique et de Chimie industrielles de la Ville de Paris, grâce à la bienveillante hospitalité accordée à Mme Curie par M. Schützenberger, le regretté directeur de cette école, et par M. Lauth, l'éminent directeur actuel.

## CHAPITRE PREMIER

# MESURE DE L'INTENSITÉ DU RAYONNEMENT
# DES SUBSTANCES RADIOACTIVES

Pour étudier la radioactivité des diverses substances radioactives, on peut utiliser soit une méthode photographique, soit une méthode électrique.

### 1° Méthode photographique.

La méthode photographique, qui a le grand avantage de n'exiger aucun matériel spécial, ne constitue pas à proprement parler une méthode de mesure; les résultats qu'elle fournit ne sont pas comparables entre eux. Cependant elle peut donner, dans certains cas, un moyen précieux d'investigation, et, par exemple, être mise avantageusement à profit dans la recherche des minéraux radioactifs.

Cette application, indiquée par sir W. Crookes, permet de déceler la présence de minéraux radioactifs et de distinguer dans ceux-ci les parties actives des parties inactives.

A cet effet, on use au tour d'optique le minerai à essayer, de façon à former sur celui-ci une surface plane, que l'on applique ensuite sur une plaque photographique, en interposant une feuille mince de papier noir. Après une pose de plusieurs heures dans l'obscurité, la plaque est développée (fig. 2 à 6).

Partout où il y a des substances radioactives, la plaque est impressionnée. La présence de la matière radioactive est indiquée sur la plaque par une petite tache noire; cette tache est d'autant plus noire que la matière est plus active. Il est ensuite facile de comparer entre elles, au point de vue de leur activité, les diverses parties d'un même minerai.

Cette méthode, d'une application très simple, est particulièrement recommandable pour la recherche des minéraux radioactifs; elle permet d'examiner rapidement et à peu de frais un très grand nombre d'échantillons.

Une boîte parfaitement étanche à la lumière, quelques plaques pho-

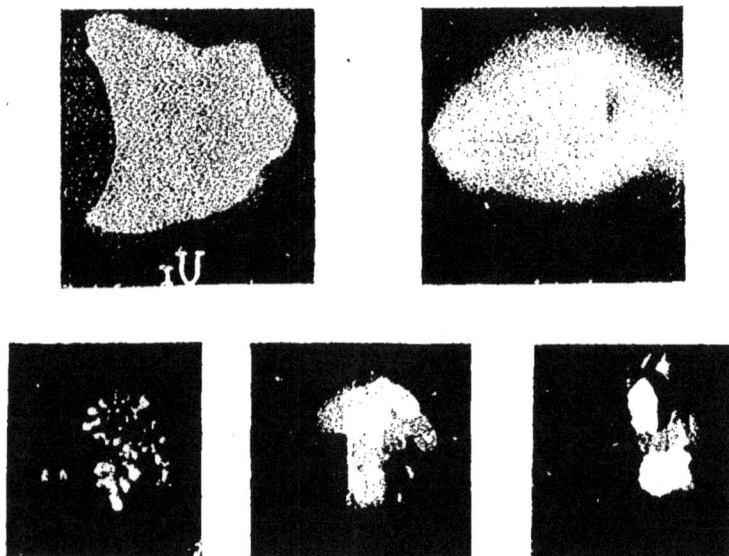

Fig. 2 à 6. — Photographies obtenues au moyen de minéraux radioactifs.

tographiques et le matériel photographique pour le développement constituent le matériel nécessaire pour ce genre de prospection. Avec une plaque photographique $9 \times 12$ on peut étudier une vingtaine de minéraux; des échantillons de 1 centimètre carré de surface suffisent pour y déceler la présence de la radioactivité si elle existe. Les minéraux simplement dégrossis au marteau sont placés sur la plaque sensible après interposition d'une feuille de papier noir mince. Cette feuille est nécessaire afin qu'il ne puisse se produire aucune réaction chimique directe entre la plaque et le minéral à essayer. La durée d'exposition est environ de huit à dix heures.

Dans le cas où la substance essayée n'est pas homogène on étudie chacune des parties séparément. Il est quelquefois avantageux de connaître l'activité moyenne de l'échantillon ; à cet effet, on pulvérise la matière et on étudie la poudre comme précédemment.

## 2º **Méthode électrique.**

### *a.* Au moyen de l'électroscope.

La méthode électrique constitue une véritable méthode de mesure. Elle consiste à déterminer la conductibilité acquise par l'air sous l'action des substances radioactives. Cette détermination peut s'effectuer

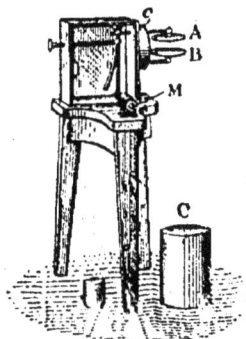

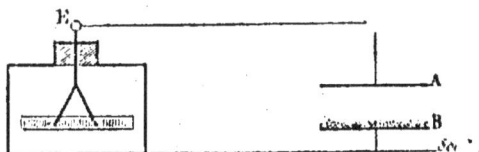

Fig. 7 et 8. — Mesure de l'activité
des substances radioactives, par l'électroscope.

d'une façon très simple en observant la vitesse de décharge d'un électroscope chargé. On utilise, à cet effet, le dispositif représenté par les figures 7 et 8.

Les deux plateaux A et B d'un condensateur sont reliés, l'un au sol, l'autre à un électroscope à feuilles d'or chargé d'électricité.

Dans les conditions ordinaires, l'air compris entre les plateaux est isolant, et l'électroscope reste chargé ; mais si l'on place sur le plateau B la matière active finement pulvérisée, la charge de l'électroscope s'écoule au sol, et cela d'autant plus rapidement que la matière est plus active. Il suffit de mesurer la vitesse de chute des feuilles d'or pour avoir une valeur de l'activité de la substance : plus la vitesse de chute est grande, plus la substance est active. La détermination de la vitesse de chute des feuilles d'or se fait d'une façon très simple en observant, en fonction du temps, les déplacements de l'une des feuilles d'or au moyen d'un microscope M. Pendant l'expérience, on entoure les plateaux A et B du couvercle C qui se fixe sur la rondelle c (fig. 7).

Cette méthode, d'une application très aisée, donne des résultats assez peu précis. Pour des mesures plus délicates, il est préférable de lui substituer une méthode électrométrique infiniment plus sensible.

### b. Au moyen de l'électromètre.

Le dispositif employé à cet effet se compose, comme dans l'appareil précédent, d'un condensateur formé de deux plateaux A et B (fig. 9).

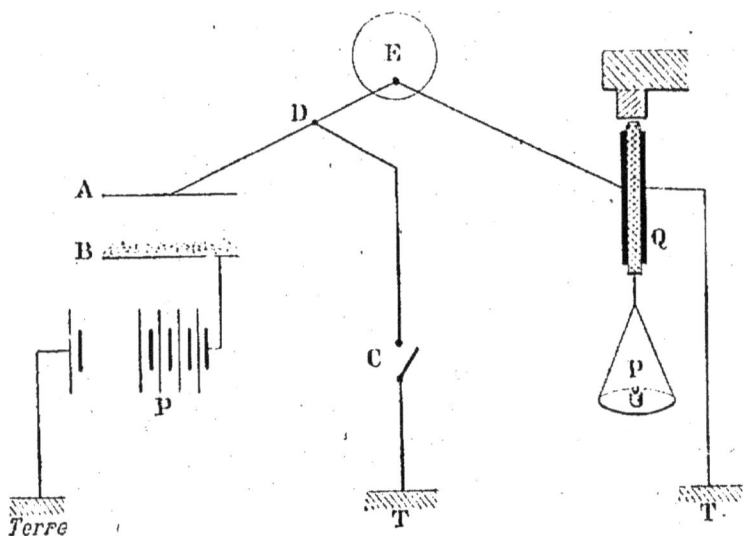

Fig. 9. — Dispositif employé dans la méthode électrométrique.

L'un des plateaux B est porté à un potentiel élevé en le reliant à l'un des pôles d'une batterie d'accumulateurs P d'un grand nombre d'éléments, dont l'autre pôle est à terre. L'autre plateau A est maintenu au potentiel de la terre par le fil CD. Quand on place sur le plateau B une substance radioactive, un courant électrique s'établit entre les deux plateaux.

Le potentiel du plateau A est indiqué par un électromètre E. Si l'on interrompt en C la communication avec la terre, le plateau A se charge, et cette charge fait dévier l'électromètre. La vitesse de la déviation est proportionnelle à l'intensité du courant, et peut servir à la mesurer. Mais il est préférable d'effectuer cette mesure en compensant la charge que prend le plateau A, de manière à maintenir l'électromètre au zéro. Les charges dont il est question ici sont extrêmement faibles; elles peuvent être compensées au moyen d'un quartz piézo-électrique Q.

Le quartz piézo-électrique, réalisé par MM. J. et P. Curie, constitue un étalon de quantité d'électricité parfaitement constant. L'appareil est basé sur le principe suivant : si l'on exerce sur un cristal de quartz une traction à la fois normale à l'axe optique et à l'axe binaire, le cristal se polarise électriquement dans le sens de l'axe binaire, et les deux faces qui lui sont normales semblent chargées de deux couches d'électricité de nom contraire. En recouvrant ces deux faces de feuilles d'étain, on forme un condensateur qui se charge d'électricité quand on exerce la traction; si, après avoir déchargé les feuilles d'étain, on fait ensuite cesser la traction, le condensateur se charge de nouveau, mais cette fois, les charges sur chaque face sont égales et de signe contraire à celles obtenues dans la première expérience.

L'appareil est formé d'une lame de quartz longue et mince, convenablement taillée et mastiquée à ses deux extrémités, en H et B (fig. 10 et 11), dans des pièces métalliques. Ces pièces servent à transmettre une traction exercée à l'aide de poids placés dans un plateau. L'extrémité H est suspendue à un crochet fixe. A l'extrémité inférieure B vient s'accrocher une tige qui transmet l'effort de traction. Les faces opposées de la lame de quartz sont recouvertes de feuilles d'étain isolées, telles que $mn$, $m'n'$, sur lesquelles se dégage l'électricité. Deux petits ressorts légers $r$ et $r'$ mettent ces feuilles d'étain en communication avec les appareils électriques.

La quantité d'électricité dégagée par la lame de quartz est proportionnelle au poids tenseur.

Pour compenser le courant produit dans le condensateur, on soumet la lame de quartz à une tension connue, produite par un poids placé dans le plateau P (fig. 9). On supprime en C la communication du plateau A avec la terre et l'on soulève, eu à peu, à la main, le poids

**2**

du plateau P. Cette opération fait dégager progressivement une quantité connue d'électricité pendant un temps qu'on mesure.

L'opération peut être réglée de telle manière qu'il y ait, à chaque instant, compensation entre la quantité d'électricité qui traverse le condensateur et celle de signe contraire que fournit le quartz. On peut ainsi mesurer en valeur absolue la quantité d'électricité qui traverse le condensateur pendant un temps donné, c'est-à-dire l'intensité du courant. La mesure effectuée dans ces conditions est indépendante de la sensibilité de l'électromètre. Cette méthode est extrêmement sensible; on peut, par exemple, déceler la radioactivité d'un produit, quand elle n'est que $1/100$ de celle de l'uranium métallique.

Cependant l'activité que l'on peut mesurer par cette méthode est assez limitée; il se peut, en effet, que le quartz ne puisse plus fournir dans un temps convenable une quantité d'électricité suffisante. On tourne alors la difficulté en faisant varier la surface de la matière active placée dans le condensateur. Plus la surface est grande, plus le courant qui traverse le condensateur est intense. On détermine, une fois pour toutes, pour chacune des surfaces employées, la valeur relative des courants mesurés, en les ramenant tous à une même surface. Cette opération se fait très simplement en mesurant les courants obtenus avec un même produit pour différentes surfaces.

Pour des produits très actifs, on est obligé d'employer des surfaces très petites; il en résulte une erreur notable dans la mesure, car il est difficile d'obtenir une surface bien définie. On préfère employer, dans ce cas, un dispositif légèrement différent, qui consiste à placer le produit au-dessous du condensateur, à une distance plus ou moins grande de celui-ci, suivant l'activité de la substance à mesurer. Le rayonnement qui traverse les plateaux du condensateur peut être ainsi considérablement diminué.

On pourrait aussi mesurer le courant à l'aide d'un galvanomètre sensible. Cette méthode est assez longue et délicate à employer; il faut, en effet, vérifier après chaque mesure la sensibilité du galvanomètre.

Si, pour un même condensateur et une même substance radioactive placée entre les deux plateaux, on fait varier la différence de potentiel entre les deux armatures, on constate que le courant mesuré augmente avec la différence de potentiel. Cependant, pour de fortes dif-

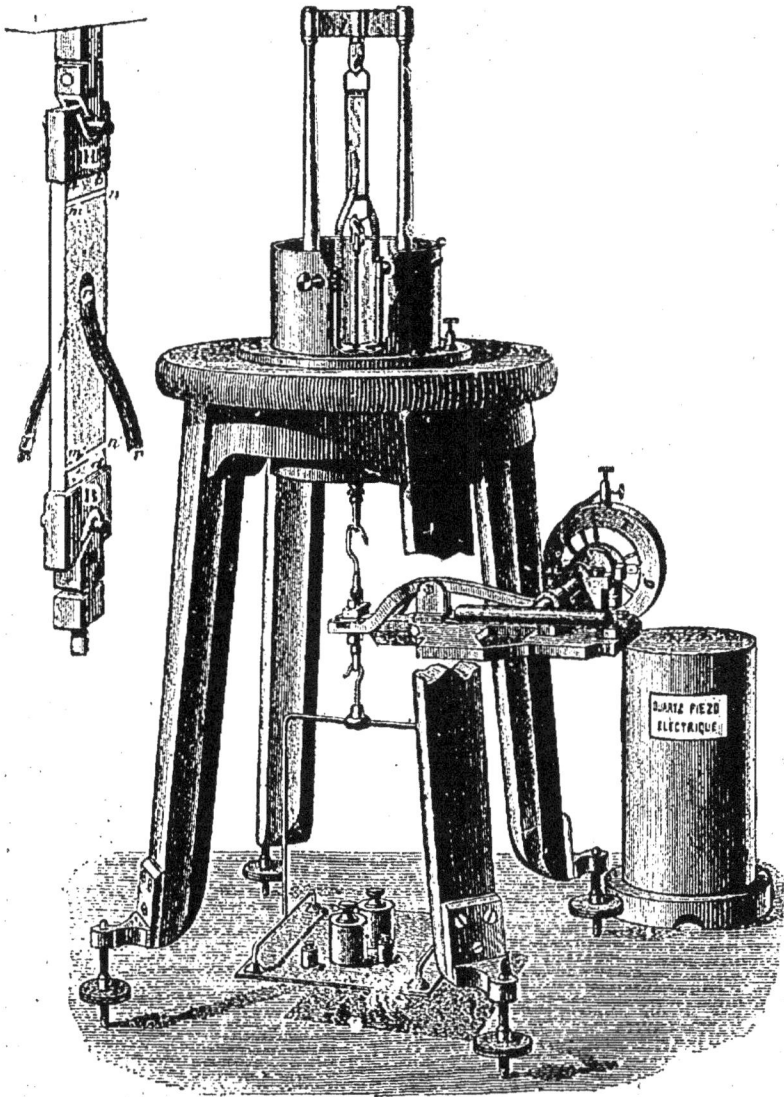

Fig. 10 et 11. — Quartz piézo-électrique de MM. J. et P. Curie.

férences de potentiel, le courant tend vers une valeur limite qui est sensiblement constante. C'est ce courant limite que l'on prend comme mesure de la radioactivité. L'ordre de grandeur des courants limites que l'on obtient avec les composés d'urane est de $10^{-11}$ ampères pour un condensateur dont les plateaux ont 8 centimètres de diamètre et sont distants de 3 centimètres. C'est l'intensité prise pour unité dans le diagramme de la figure 12. Si l'on adopte comme unité d'activité

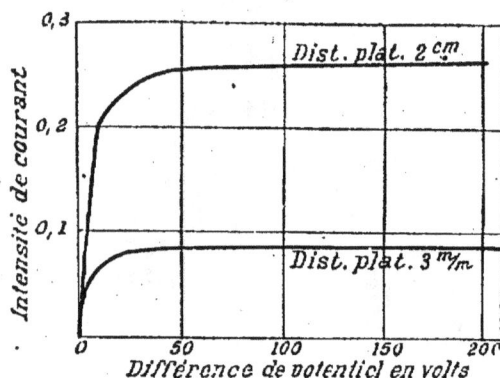

FIG. 12. — Diagramme des intensités du courant en fonction des différences de potentiel entre les plateaux du condensateur.

le courant obtenu avec l'uranium métallique, l'activité des autres substances sera exprimée en fonction de l'activité de l'uranium.

C'est cette méthode que M. et Mme Curie ont appliquée dès le début de leurs recherches, dans les essais de concentration des produits actifs. Ils mesuraient la radioactivité d'un produit et effectuaient sur ce dernier une séparation chimique. Ils mesuraient ensuite la radioactivité de tous les produits obtenus et constataient ainsi comment et en quelles proportions la substance radioactive était répartie entre les diverses parties séparées. M. et Mme Curie obtenaient ainsi des indications en partie comparables avec celles qu'aurait fournies l'analyse spectrale.

Cette méthode de recherches avait, dans le cas de la radioactivité, le grand avantage d'être considérablement plus sensible que la méthode spectrale.

## CHAPITRE II

# EXTRACTION DES SELS DE RADIUM

## Minerais.

Le radium se trouve à l'état de traces dans un certain nombre de minéraux, tels que la pechblende et la carnotite. Il accompagne l'uranium et le baryum dans ces minéraux, mais jamais on ne le trouve dans les minéraux de baryum ne contenant pas d'uranium.

M. et M^me Curie ont tenu à élucider ce dernier fait expérimental, en s'assurant que le chlorure de baryum du commerce ne contient pas de chlorure de radium. A cet effet, ils ont entrepris le fractionnement d'une grande quantité de chlorure de baryum du commerce, par la méthode que nous étudierons plus loin, espérant concentrer par ce procédé la trace de chlorure de radium qui pouvait s'y trouver. Le produit obtenu n'a montré aucune radioactivité; il ne contenait donc pas de radium. Ce corps est, par suite, absent des minerais qui fournissent le baryum du commerce.

En Europe, c'est de la pechblende de Joachimsthal, en Bohême, que l'on a retiré jusqu'à ce jour le radium. Cette pechblende est environ deux à trois fois plus active que l'uranium métallique et permet d'obtenir 1 à 2 décigrammes de bromure de radium par tonne de minerai traité.

La complexité de la matière première, jointe à sa très faible teneur en radium, a rendu ces recherches extrêmement pénibles.

La pechblende est un minerai d'oxyde d'uranium accompagné d'un grand nombre d'autres métaux, tels que le fer, l'aluminium, le calcium, le plomb, le bismuth, le cuivre, l'arsenic, l'antimoine et des matières radioactives nouvelles, le polonium, le radium, et l'actinium.

D'après les expériences récentes de MM. Elster et Geitel, on peut admettre que les substances radioactives se trouvent répandues d'une manière présque uniforme à la surface de la terre. Un très grand nombre de corps doivent en contenir, mais, toutefois, en très faible quantité.

MM. Elster et Geitel sont parvenus à retirer de matières argileuses très peu actives des produits dont l'activité était comparable à celle de l'uranium.

## Traitement de la pechblende.

Le traitement de la pechblende se divise en trois phases bien distinctes.

Dans une première phase, la pechblende est d'abord débarrassée de tout l'uranium qu'elle contient. Jusqu'à ce jour, cette opération s'est effectuée sur le lieu même d'extraction du minerai.

Les résidus de cette opération contiennent les substances fortement radioactives. Un nouveau traitement, réalisé à l'usine, a pour but de séparer et de purifier les portions riches en radium, polonium et actinium. Cette nouvelle opération constitue la deuxième phase du traitement. Chacune des portions est ensuite traitée séparément, en vue d'obtenir la substance radioactive qu'elle contient.

La portion qui renferme le radium est environ soixante fois plus active que l'uranium ; on en retire le radium par une série de fractionnements effectués sur le bromure de baryum radifère. Ces fractionnements, réalisés au laboratoire, forment la troisième et dernière phase du traitement.

Nous allons examiner avec un peu plus de détails les diverses parties de ce traitement.

### 1° Séparation de l'uranium contenu dans la pechblende.

Le minerai, concassé et broyé, est grillé avec du carbonate de soude. La matière résultant de ce traitement est lessivée d'abord à l'eau chaude pour enlever les sels de soude solubles, puis à l'acide sulfurique étendu. Cette dernière solution contient tout l'uranium. Le résidu insoluble, autrefois sans valeur, est aujourd'hui recueilli avec soin ; il contient les substances fortement radioactives. Il a une activité quatre à cinq fois plus grande que celle de l'uranium.

## 2° TRAITEMENT DES RÉSIDUS.

Ce résidu renferme principalement des sulfates de plomb et de calcium, de la silice, de l'alumine et de l'oxyde de fer. On y trouve, en outre, en quantité plus ou moins grande, presque tous les métaux (cuivre, bismuth, zinc, cobalt, manganèse, nickel, vanadium, antimoine, thallium, terres rares, niobium, tantale, arsenic, baryum, etc.). Le radium se trouve disséminé dans ce mélange à l'état de sulfate et en constitue le sulfate le moins soluble.

La première opération, effectuée sur ces résidus, consiste à les traiter par de l'acide chlorhydrique concentré. La matière est fortement désagrégée et passe en partie dans la solution. De cette dissolution on peut tirer le polonium et l'actinium; le premier est précipité par l'hydrogène sulfuré; le second se trouve dans les hydrates précipités par l'ammoniaque, dans la dissolution séparée des sulfures et peroxydée. Quant au radium, il reste dans la portion insoluble qui est lavée à l'eau, puis traitée par une dissolution concentrée et bouillante de carbonate de soude, opération qui a pour but de transformer en carbonates, les sulfates non attaqués dans la réaction précédente. On lave alors la matière très complètement, à l'eau, puis on l'attaque par l'acide chlorhydrique étendu, exempt d'acide sulfurique. La dissolution contient le radium avec un peu de polonium et d'actinium. On la filtre et on la précipite par l'acide sulfurique. On obtient ainsi des sulfates bruts de baryum radifère contenant également de la chaux, du plomb, du fer, et ayant aussi entraîné un peu d'actinium.

Une tonne de résidu fournit environ 10 à 20 kilogr. de sulfates bruts, dont l'activité est trente à soixante fois plus grande que celle de l'uranium métallique.

On procède alors à la purification de ces sulfates. Pour cela, on les fait bouillir avec une solution concentrée de carbonate de soude et on transforme les carbonates obtenus en chlorures. La dissolution, traitée par l'hydrogène sulfuré, donne un léger précipité de sulfures actifs contenant du polonium. On filtre, on peroxyde par le chlorate de potassium et on précipite par de l'ammoniaque pure.

Les oxydes et les hydrates précipités sont très actifs; ils contiennent encore un peu d'actinium. La dissolution filtrée est précipitée par le carbonate de soude. Les carbonates alcalino-terreux précipités sont lavés et transformés en chlorures. Ces chlorures sont évaporés à sec et lavés avec de l'acide chlorhydrique concentré et pur. Le chlorure de calcium se dissout presque complètement, alors que le chlorure de baryum radifère reste insoluble. La solution surnageante contient, par conséquent, la chaux et peut entraîner un peu de radium. On la précipite par l'acide sulfurique. Il se dépose peu à peu un sulfate très actif que l'on fait entrer dans un nouveau traitement. Quant au chlorure de baryum radifère insoluble dans l'acide chlorhydrique concentré, il est repris par l'eau. La solution est de nouveau précipitée par le carbonate de soude. Les carbonates alcalino-terreux, lavés, sont traités cette fois par l'acide bromhydrique, dans le but de les transformer en bromures.

Après cette longue série d'opérations, on obtient, par tonne de matière première traitée, 8 à 10 kilogr. de bromure de baryum radifère, dont l'activité est environ soixante fois plus grande que celle de l'uranium métallique. Ce bromure est alors prêt pour le fractionnement.

### 3° Fractionnement des sels de baryum radifères.

Le fractionnement a pour but d'obtenir des bromures de baryum radifères de plus en plus riches en radium. Le procédé consiste à soumettre le mélange des bromures à une série de cristallisations dans l'eau pure d'abord, puis dans l'eau additionnée d'acide bromhydrique. On utilise la différence des solubilités des deux bromures, celui de radium étant moins soluble que celui de baryum.

Au début de leurs recherches sur la séparation du radium, M. et M$^{me}$ Curie effectuaient les fractionnements sur les chlorures. M. Giesel a reconnu que la séparation du baryum et du radium, par cristallisations fractionnées des bromures, était beaucoup plus avantageuse, surtout au début du fractionnement.

Les bromures sont dissous dans l'eau distillée et la dissolution amenée à saturation à la température de l'ébullition. On la laisse ensuite cristalliser par refroidissement dans une capsule couverte. On obtient ainsi au fond de la capsule de beaux cristaux, que l'on sépare de la liqueur surnageante par décantation. Ces cristaux sont environ cinq fois plus actifs que le bromure en solution.

On a ainsi partagé le sel en deux portions sur lesquelles on répète identiquement la même opération. La dissolution des bromures est évaporée et amenée à saturation à chaud; les sels sont redissous, puis de nouveau mis à cristalliser.

Quand les cristallisations sont terminées, on se trouve en présence de quatre portions nouvelles. La solution surnageante de la partie la plus active (cristaux) est réunie avec les cristaux de la partie la moins active (solution), ces deux matières ayant sensiblement la même activité. On se trouve avoir alors trois portions qui sont soumises à un traitement analogue. Le fractionnement se poursuit ainsi, toujours par la même méthode. Après chaque série d'opérations, la solution saturée, provenant d'une portion, est versée sur les cristaux provenant de la portion suivante. Il s'ensuit que les produits de plus en plus actifs et les produits de moins en moins actifs suivent une marche en sens inverse.

Cependant on ne laisse pas croître indéfiniment le nombre des portions. Quand les produits appauvris (queue du fractionnement) n'ont plus qu'une activité insignifiante, on les élimine. Il en est de même pour les portions enrichies (tête du fractionnement) quand le nombre de portions que l'on désire a été obtenu. On opère alors avec un nombre constant de portions. On élimine progressivement et au fur et à mesure que le nombre des fractionnements augmente, d'une part, des produits très peu actifs, de l'autre, des produits très riches en radium.

La faible quantité de produit dont on dispose aujourd'hui n'a pas permis d'étudier d'une façon bien complète les propriétés chimiques des sels de radium. Cette étude pourrait, sans doute, conduire à quelques modifications intéressantes au point de vue de la rapidité de la préparation de ce corps.

On a obtenu un certain nombre de sels, le bromure, le chlorure l'azotate, mais on n'a pas encore préparé le radium à l'état métallique. Il serait cependant facile de réaliser cette préparation, qui présente peu d'intérêt, par la méthode que Bunsen a employée pour la préparation du baryum.

# CHAPITRE III

# CARACTÈRES DES SELS DE RADIUM

### Caractères chimiques.

Le bromure de radium ainsi obtenu a une activité environ un million de fois plus grande que l'uranium métallique. Tous les sels de radium : bromure, chlorure, azotate, carbonate, sulfate, ont le même aspect que ceux de baryum, quand ils viennent d'être préparés à l'état solide ; ils sont alors blancs. Cependant, ils se colorent progressivement avec le temps en jaune et même en violet.

Au point de vue chimique, tous les sels de radium ont des propriétés absolument comparables aux sels correspondants de baryum. Cependant, le chlorure et le bromure de radium sont moins solubles que le chlorure et le bromure de baryum. C'est cette propriété importante que l'on a utilisée dans la séparation du radium et du baryum.

M. Giesel a constaté que le chlorure de radium, à l'état solide ou en solution, produit d'une façon continue de l'hydrogène. De plus, un chlorure de radium, qui a été enfermé pendant quelque temps dans une ampoule, dégage, lorsqu'on brise l'ampoule, une forte odeur de chlore.

### Coloration de la flamme et spectre.

Les sels de radium communiquent à la flamme une superbe teinte carmin.

Dès le début des recherches de M. et Mme Curie sur les substances radioactives, le regretté M. Demarçay avait bien voulu se charger de l'examen spectroscopique de ces substances. Le concours d'un spectroscopiste aussi distingué est venu apporter un contrôle important à l'hypothèse de l'existence d'éléments nouveaux radioactifs. L'analyse spectrale a, dans le cas du radium, confirmé d'une façon complète cette hypothèse.

L'étude du spectre a été reprise depuis par MM. Runge et Precht, et Crookes.

Le spectre du radium est bien caractéristique ; son aspect général est celui des métaux alcalino-terreux, c'est-à-dire que l'on y trouve des raies fortes avec quelques bandes nébuleuses.

Avec l'étincelle et une solution de chlorure de radium pur, M. Demarçay a obtenu un spectre dont toutes les raies sont nettes et étroites. Les trois principales raies sont, l'une dans le bleu ($\lambda = 468,30$), les deux autres, dans le violet ($\lambda = 434,06$) et l'ultra-violet ($\lambda = 381,47$). Ces trois raies sont fortes et atteignent l'égalité avec les raies les plus intenses actuellement connues. On aperçoit également dans le spectre deux bandes nébuleuses fortes : l'une est dans le bleu, l'autre commence dans le bleu indigo et est dégradée vers l'ultra-violet.

D'après M. Demarçay, le radium peut figurer parmi les corps ayant la réaction spectrale la plus sensible. On commence à apercevoir la principale raie du radium ($\lambda = 381,47$) avec des matières cinquante fois plus actives que l'uranium. Cependant, la sensibilité de la méthode spectroscopique n'est en rien comparable avec la sensibilité de la méthode électrique précédemment décrite ; celle-ci permet, en effet, de déceler la présence d'une substance radioactive alors même que son activité n'atteint que le $1/100$ de celle de l'uranium.

Le spectre de flamme des sels de radium, examiné par M. Giesel, contient deux belles bandes rouges, une raie dans le bleu vert et deux lignes faibles dans le violet. Ce spectre est très brillant.

## Poids atomique.

Le poids atomique du radium a été déterminé par Mme Curie ; il est égal à **225**.

Pour effectuer cette détermination, Mme Curie a employé la méthode classique, qui consiste à doser, à l'état de chlorure d'argent, le chlore contenu dans un poids connu de chlorure de radium anhydre. Le chlorure employé dans les dernières mesures a été soigneusement purifié et complètement débarrassé du baryum qui l'accompagnait, en répétant un très grand nombre de fois les fractionnements. Examiné par M. Demarçay au spectroscope, il ne contient, d'après lui, que des traces infinitésimales de baryum, incapables d'influencer d'une façon appréciable le poids atomique.

Le radium constitue un élément nouveau du groupe des métaux alcalino-terreux. Il est dans cette série l'homologue supérieur du baryum.

D'après son poids atomique, le radium vient se placer également dans le tableau de Mendéléeff à la suite du baryum, dans la colonne des métaux alcalino-terreux et sur la rangée qui contient déjà l'uranium et le thorium.

### Luminosité des sels de radium.

Tous les sels de radium sont lumineux dans l'obscurité. Cette luminosité est particulièrement intense avec le chlorure et le bromure de radium, quand le produit vient d'être chauffé; elle diminue dès que le sel reprend de l'humidité. Les chlorure et bromure de radium, étant très hygrométriques, doivent être placés dans des tubes scellés, pour conserver l'éclat qu'ils ont acquis après le chauffage. La lumière émise par les sels de radium rappelle comme teinte celle du ver luisant (lampyre); elle peut avoir assez de force pour être vue en plein jour.

### Dégagement de chaleur des sels de radium.

Les sels de radium sont le siège d'un dégagement spontané et continu de chaleur. Un gramme de bromure de radium, préparé depuis plusieurs mois, dégage en moyenne 100 petites calories par heure; c'est dire qu'en une heure un gramme de radium peut fondre un peu plus que son poids de glace.

Ce dégagement de chaleur est assez fort pour qu'on puisse le mettre

en évidence même par une expérience grossière, faite avec un thermomètre.

Un thermomètre *t* et une ampoule *a* contenant **7** décigrammes de
bromure de radium, par exemple, sont placés dans un vase à isolement
calorifique A (fig. 13 et 14).

Quand l'équilibre thermique est établi, le thermomètre *t* indique

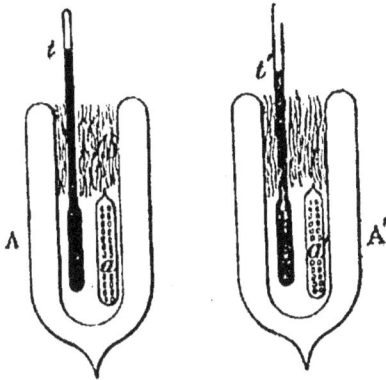

Fig. 13 et 14. — Dégagement de chaleur
des sels de radium.

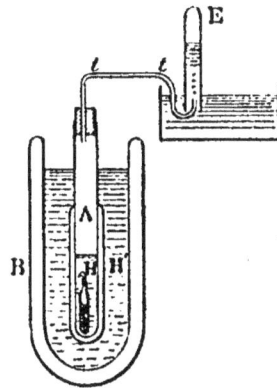

Fig. 15.
Ébullition de l'hydrogène liquéfié,
produite par les sels de radium.

constamment un excès de température de 3 degrés sur les indications
d'un autre thermomètre *t'* placé dans les mêmes conditions, mais avec
une ampoule contenant un sel inactif, du chlorure de baryum par
exemple.

La quantité de chaleur dégagée est évaluée, à l'aide du calorimètre
de Bunsen, en plaçant dans le calorimètre une ampoule de verre qui
contient le sel de radium; on constate un apport continu de chaleur,
qui s'arrête dès que l'on éloigne le radium. On peut également employer l'appareil représenté par la figure 15 dans lequel on utilise
la chaleur produite par le radium pour faire bouillir un gaz liquéfié.
Cette expérience réussit particulièrement bien avec l'hydrogène liquide :

Un tube A (fermé à la partie inférieure et entouré d'un isolateur
thermique à vide) contient un peu d'hydrogène liquide H; un tube de
dégagement *t* permet de recueillir le gaz dans une éprouvette gra-
duée E remplie d'eau. Le tube A et son isolateur plongent tous deux

dans un bain d'hydrogène liquide H'. Dans ces conditions, aucun dégagement gazeux ne se produit dans le tube A ; mais si l'on introduit dans l'hydrogène du tube A une ampoule contenant du sel de radium, il se fait un dégagement continu de gaz hydrogène que l'on recueille en E.

Sept décigrammes de bromure de radium font dégager environ 70 centimètres cubes de gaz par minute.

Un sel de radium qui vient d'être préparé dégage une quantité de chaleur relativement faible. La chaleur dégagée en un temps donné augmente ensuite continuellement et tend vers une valeur déterminée qui n'est pas encore tout à fait atteinte au bout d'un mois.

Quand on dissout dans l'eau un sel de radium et que l'on enferme la solution dans un tube scellé, la quantité de chaleur dégagée par la solution est d'abord faible; elle augmente ensuite et tend à devenir constante au bout d'un mois. Quand l'état limite est atteint, le sel de radium enfermé en tube scellé dégage la même quantité de chaleur à l'état solide et à l'état de dissolution.

## Variations d'activité des sels de radium.

Les sels de radium maintenus dans un même état physique possèdent une activité permanente qui ne présente pas de différences appréciables, même au bout de plusieurs années.

Cependant, quand on vient de préparer un sel de radium à l'état solide, il n'a pas tout d'abord une activité constante; celle-ci va en augmentant avec le temps et atteint une valeur limite sensiblement invariable au bout d'un mois environ. L'activité limite est quatre à cinq fois plus grande que l'activité initiale.

Le phénomène inverse se produit quand on dissout un sel de radium dans l'eau. L'activité de la solution est d'abord très grande, puis, si la solution est abandonnée à l'air libre, elle perd rapidement une partie de son activité et prend finalement une activité limite qui peut être considérablement plus faible que celle du produit initial.

Lorsqu'on chauffe un sel de radium, son activité diminue, mais cette diminution ne persiste pas quand on ramène le sel à la température ambiante; Le sel reprend peu à peu son activité primitive.

## Rayonnement et radioactivité induite
## produits par les sels de radium.

Les sels de radium émettent d'une façon spontanée et continue un rayonnement spécial capable de provoquer des phénomènes d'une intensité remarquable.

Ils peuvent enfin communiquer leurs propriétés à tous les corps placés dans leur voisinage. Ce phénomène constitue le phénomène de la *radioactivité induite*.

Ces deux dernières propriétés sont d'une importance considérable, tant au point de vue des phénomènes eux-mêmes, que des effets qu'ils peuvent engendrer. Elles méritent qu'on leur consacre une très large place dans l'étude des phénomènes produits par les sels de radium.

# CHAPITRE IV

# LE RAYONNEMENT DES SELS DE RADIUM

## Séparation des différents groupes de rayons.

Les rayons émis par les sels de radium se propagent en ligne droite; ils ne sont ni réfléchis, ni réfractés, ni polarisés. Ils forment un mélange complexe que l'on peut diviser en trois groupes principaux. M. Rutherford a désigné par α, β, γ ces différents groupes (fig. 16).

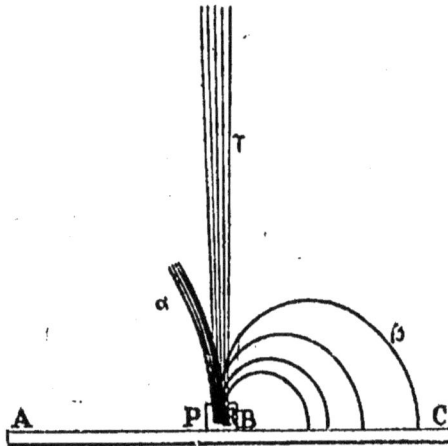

Fig. 16. — Action du champ magnétique sur les sels de radium.

L'action d'un champ magnétique intense et la facilité plus ou moins grande avec lesquelles ils peuvent traverser les différentes substances permettent de les distinguer.

Imaginons que l'on place une petite quantité d'un sel de radium au fond d'une cavité profonde creusée dans un bloc de plomb P (fig. 16). Le rayonnement s'échappe alors sous forme d'un pinceau rectiligne.

Disposons cette petite cuve dans un champ magnétique uniforme et très intense, produit par un électro-aimant puissant (fig. 17) placé de telle façon que son pôle nord soit en avant du plan de la figure et son pôle sud derrière la petite cuve. Dans ces conditions, les trois groupes de rayons α, β, γ sont séparés.

Les rayons α sont très légèrement déviés vers la gauche de leur trajectoire rectiligne, même par les champs les plus intenses. Ils forment la partie la plus importante du rayonnement du radium du

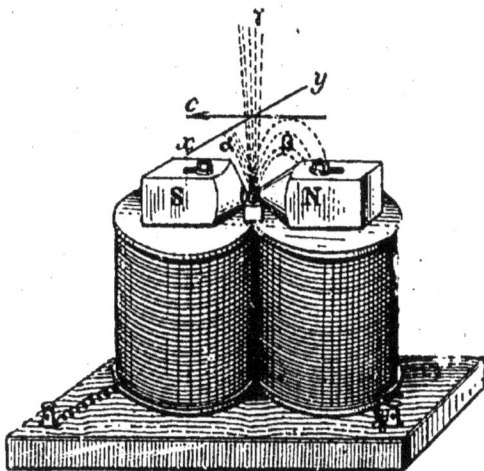

Fig. 17. — Action du champ magnétique sur les sels de radium.

moins si l'on convient de mesurer le rayonnement par la grandeur de la conductibilité qu'ils communiquent à l'air.

Les rayons β sont très fortement déviés par le champ magnétique, et cela de la même manière et dans le même sens que les rayons cathodiques.

Enfin, les rayons γ ne sont pas déviés du tout de leur trajectoire rectiligne; ils sont analogues aux rayons de Röntgen et ne forment qu'une faible partie du rayonnement.

Examinons rapidement la constitution de ces divers groupes de rayons.

Les rayons α du radium sont très peu pénétrants. Ils sont très rapidement absorbés par l'air, à leur sortie des sels de radium; une lame d'aluminium de quelques centièmes de millimètre d'épaisseur les arrête complètement.

Les lois de l'absorption de ces rayons par les écrans permettent, indépendamment de l'action du champ magnétique, de les distinguer nettement des rayons de Röntgen. En effet, en traversant des écrans successifs, les rayons α deviennent de moins en moins pénétrants (le phénomène inverse se produit pour les rayons de Röntgen). Pour expliquer ce résultat, on est déjà conduit à supposer que ces rayons sont formés de projectiles dont l'énergie diminue pendant la traversée de chaque écran. On constate aussi qu'un écran donné absorbe beaucoup plus fortement les rayons α quand il est placé loin du sel de radium que quand il en est placé tout près.

## Rayons α.

Les rayons α sont très peu déviés par les champs électrique et magnétique les plus intenses; on les avait même primitivement considérés comme étant des rayons non déviables sous cette action. Par un dispositif très ingénieux, M. Rutherford est parvenu à démontrer et à mesurer la déviation de ces rayons dans le champ magnétique.

Il résulte de ces recherches que les rayons α se comportent comme des projectiles animés d'une grande vitesse et *chargés d'électricité positive*. Ils sont analogues aux *rayons canaux* (canalstrahlen) de M. Goldstein.

D'après les dernières mesures de M. Des Coudres, la vitesse de ces projectiles est *20 fois plus faible* que celle de la lumière. Si l'on admet que la charge électrique d'un de ces projectiles est la même que celle d'un atome d'hydrogène dans l'électrolyse, on trouve que sa masse est de l'ordre de grandeur de celle d'un *atome d'hydrogène*.

Les rayons α forment un groupe qui semble homogène; ils sont tous déviés de même façon par le champ magnétique.

Ce sont eux qui agissent dans le petit appareil réalisé par M. Crookes sous le nom de *spinthariscope*. Dans cet appareil on a disposé à l'extrémité d'un fil métallique *a* (fig. 18) une fraction de milligramme d'un sel de radium. On place ce fragment à quelques dixièmes de millimètre d'un écran E au sulfure de zinc de Sidot. En examinant dans l'obscurité, avec une forte loupe L, l'écran qui est tourné vers le radium, on aperçoit des petits points lumineux sur l'écran. Ces points lumineux apparaissent et disparaissent continuellement; ils font songer à un ciel chargé d'étoiles scintillantes. L'effet est très curieux. On

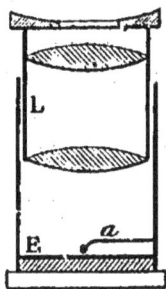

Fig. 18. — Spinthariscope de Crookes.

peut imaginer que chaque point lumineux qui apparaît et disparaît résulte du choc d'un projectile. On aurait affaire pour la première fois à un phénomène permettant de distinguer l'action individuelle d'un atome.

### Rayons β.

Les rayons β du radium sont analogues aux rayons cathodiques; ils sont facilement déviés par un champ magnétique et de la même façon que ces derniers.

On peut mettre en évidence la déviation des rayons β par le champ magnétique au moyen de l'expérience suivante : une ampoule en verre renfermant un sel de radium R est placée à l'une des extrémités d'un tube en plomb à parois très épaisses AB (fig. 19). Ce tube est placé entre les branches d'un électro-aimant et est orienté normalement à la ligne des pôles NS. A une certaine distance de l'extrémité B du tube de plomb, on a disposé un électroscope E chargé d'électricité.

Les rayons émis par le sel de radium et qui sont canalisés par le tube provoquent la décharge de l'électroscope. Si l'on fait passer le courant dans le fil de l'électro-aimant, les rayons β sont rejetés sur les parois du tube de plomb; les rayons γ seuls agissent et la décharge se fait très lentement. Quant aux rayons α, ils sont absorbés par l'air immédiatement au voisinage du sel de radium et ne peuvent parvenir jusqu'à l'électroscope. Si l'on cesse de faire passer le courant dans l'électro-aimant, les rayons β provoquent rapidement la décharge de l'électroscope.

Les rayons β forment un mélange hétérogène; on peut les distinguer les uns des autres par leur pouvoir pénétrant et par la déviation variable qu'ils éprouvent dans un champ magnétique. Certains d'entre

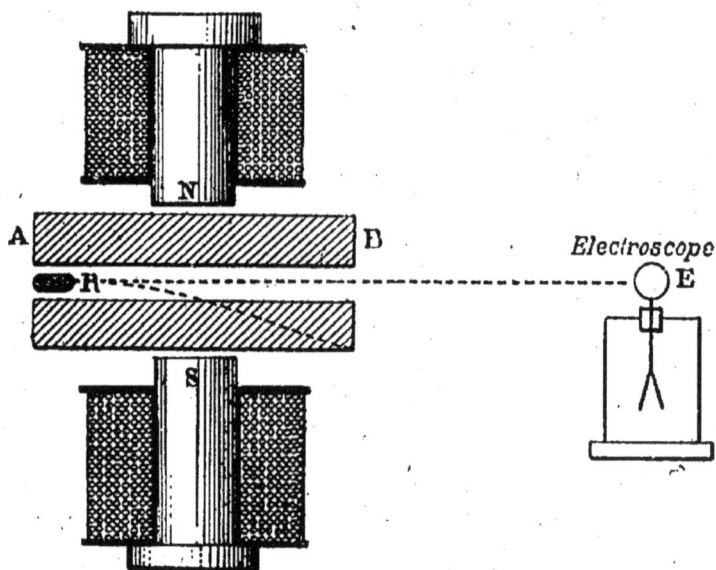

Fig. 19. — Déviation des rayons β par le champ magnétique.

eux sont facilement absorbés par une lame d'aluminium de quelques centièmes de millimètre d'épaisseur, tandis que d'autres traversent plusieurs millimètres de plomb.

Les trajectoires décrites par les rayons β déviés par le champ magnétique sont circulaires et situées dans un plan normal à la direction du champ magnétique. Les rayons des circonférences décrites varient dans des limites étendues. Si l'on reçoit ces rayons sur une plaque photographique BC (fig. 16), la plaque se trouve impressionnée par des rayons qui, ayant décrit des trajectoires circulaires, sont rabattus sur la plaque et viennent la couper à angle droit. M. Becquerel a montré que l'impression ainsi produite constitue une large bande diffuse, véritable spectre continu, prouvant que le faisceau de rayons déviables émis par la source est formé par une infinité de radiations inégalement déviables.

Si l'on recouvre la plaque de divers écrans absorbants, tels que du papier, du verre, des métaux, une portion seulement du spectre se trouve supprimée et l'on constate que les rayons les plus déviés par le champ magnétique, c'est-à-dire ceux dont la trajectoire a le plus petit rayon, sont le plus fortement absorbés. Pour chaque écran, l'impression sur la plaque ne commence qu'à une certaine distance de la source radiante ; cette distance est d'autant plus grande que l'écran est plus absorbant.

Les rayons β du radium sont chargés d'*électricité négative*. La démonstration expérimentale de ce dernier fait confirme l'analogie de ces rayons avec les rayons cathodiques. Les rayons cathodiques sont, en effet, comme l'a montré M. Perrin, chargés d'électricité négative : ils peuvent transporter leur charge à travers des enveloppes métalliques réunies à la terre et à travers des lames isolantes. En tous les points où les rayons cathodiques sont absorbés, il se fait un dégagement continu d'électricité négative.

Par une méthode analogue, il est facile de démontrer expérimentalement que les rayons β du radium sont chargés d'électricité négative. Cependant ce dégagement est faible ; aussi, pour le mettre en évidence, il est nécessaire que le conducteur qui absorbe les rayons soit parfaitement isolé. A cet effet, on place le conducteur à l'abri de l'air, soit en le noyant dans un bon diélectrique solide, soit en le plaçant dans un tube à vide très parfait.

L'appareil employé (fig. 20) se compose d'un disque conducteur M, relié par une tige métallique *t* à un électromètre. Le disque et la tige sont entourés d'une matière isolante *i* et le tout est recouvert d'une enveloppe métallique E en communication permanente avec la terre. Si l'on expose cet appareil au rayonnement d'un sel de radium R placé à l'extérieur dans une petite cuve en plomb, les rayons traversent la lame métallique, la lame isolante, et sont absorbés par le plateau M.

On constate alors à l'électromètre un dégagement continu d'électricité négative.

La quantité d'électricité produite est très faible, elle est de l'ordre de grandeur de $10^{-11}$ coulombs par seconde, pour un chlorure de baryum radifère très actif formant une couche de $2^{cm}5$ de surface et de $0^{cm}2$ d'épaisseur, les rayons utilisés ayant traversé, avant d'être

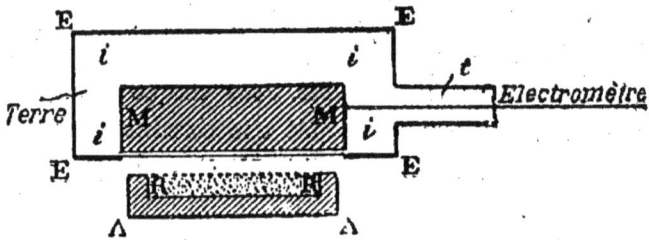

Fig. 20. — Appareil pour l'étude des rayons β.

absorbés par le conducteur M, une épaisseur d'aluminium de $0^{mm}01$ et une épaisseur d'ébonite de $0^{mm}3$.

Quand on éloigne le sel de radium ou qu'on emploie un produit moins actif, les charges sont plus faibles.

On peut faire l'expérience inverse, qui consiste à placer le sel de radium au milieu de la matière isolante et à mettre la cuvette qui contient le sel en relation avec l'électromètre (fig. 21). Dans ces condi-

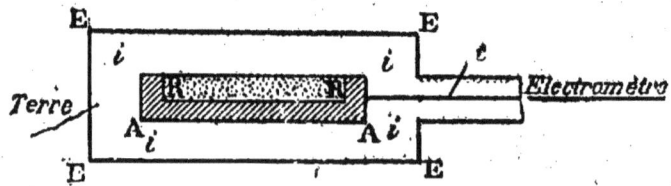

Fig. 21. — Appareil pour l'étude des rayons β.

tions, on constate que le radium prend une charge positive égale en grandeur à la charge négative de la première expérience. Les rayons très pénétrants du radium emportent avec eux les charges négatives.

Il résulte de ces deux expériences qu'un sel de radium enfermé dans une ampoule parfaitement isolante doit se charger spontanément

d'électricité comme une bouteille de Leyde. On peut aisément constater ce fait avec une ampoule scellée contenant depuis un certain temps
un sel de radium. Si l'on fait avec un couteau à verre un trait sur la
paroi de l'ampoule, il part à cet endroit une étincelle qui perce le
verre aminci sous le couteau ; en même temps l'opérateur éprouve
une petite secousse dans les doigts par suite du passage de la décharge.

*Le radium est le premier exemple d'un corps qui se charge spontané-
ment d'électricité.*

On peut mettre encore ce dernier fait en évidence au moyen du
petit appareil imaginé par M. Strutt, et qui est représenté par la
figure 22. Une petite ampoule en verre R contient un sel de radium ;

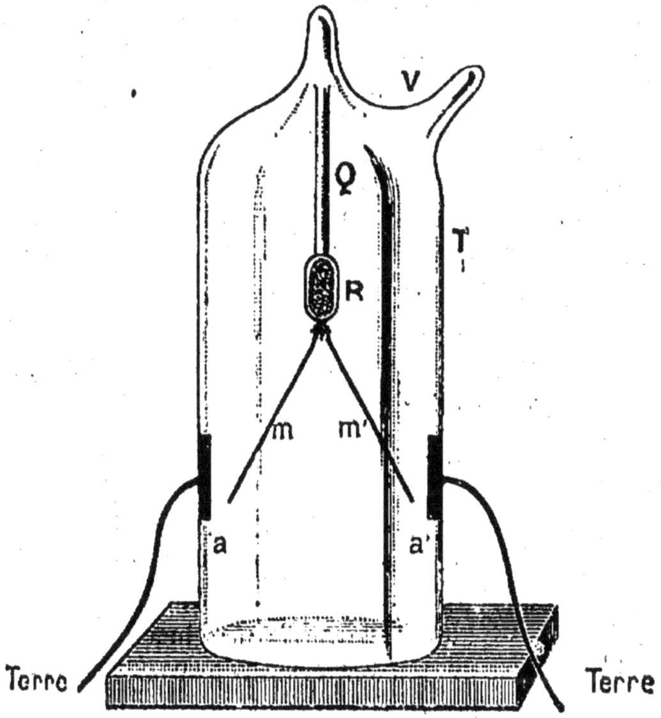

Fig. 22. — Appareil de Strutt à mouvement perpétuel.

elle est suspendue à une tige de quartz Q et le tout est placé dans un
réservoir en verre T. Deux feuilles d'or très minces forment un petit
électroscope ; ces feuilles, en s'écartant, peuvent venir toucher deux

lames métalliques $a$ et $a'$ mises en communication permanente avec la terre. On fait, dans le réservoir, un vide aussi parfait que possible, par la tubulure V.

Le fonctionnement de l'appareil est alors très simple. La charge positive de la petite ampoule de radium se communique aux feuilles d'or et celles-ci divergent progressivement à mesure que la charge augmente. Quand les feuilles sont suffisamment écartées, elles viennent toucher les deux lames $a$ et $a'$, et la charge s'écoule au sol, les feuilles retombent, reprennent une autre charge et divergent de nouveau. Comme la production d'électricité est continue, les feuilles s'écartent et se rapprochent d'une façon permanente.

Les charges et décharges se succèdent à des intervalles de temps d'autant plus courts que la quantité de bromure de radium, dans l'ampoule, est plus grande. Pour que l'expérience réussisse d'une façon bien nette, il est nécessaire que l'ampoule de radium soit parfaitement isolée. C'est dans ce but que celle-ci a été suspendue à un fil de quartz qui constitue un très bon isolant, et que l'on a fait dans l'appareil un vide très parfait. On évite ainsi les fuites d'électricité occasionnées par le fait que l'air devient conducteur sous l'influence des substances radioactives.

On peut supposer que les rayons $\beta$ sont constitués par des projectiles (électrons) chargés d'électricité négative et lancés à partir du radium avec une grande vitesse.

La mesure des déviations de ces rayons sous l'action d'un champ magnétique a permis à M. Becquerel, puis à M. Kaufmann de déterminer les vitesses de ces projectiles. Ces vitesses, variables pour les différents rayons $\beta$, sont comprises entre $2,36 \times 10^{10}$ centimètres par seconde et $2,83 \times 10^{10}$ centimètres par seconde. On voit que certains rayons $\beta$ ont une vitesse voisine de celle de la lumière. D'autre part, des considérations théoriques font supposer que la masse de chacun de ces projectiles est *2 000 fois* plus petite que celle d'un atome d'hydrogène.

On conçoit aisément que des projectiles d'une masse aussi faible et animés d'une telle vitesse peuvent avoir un pouvoir pénétrant très grand vis-à-vis de la matière.

Les rayons du radium, et principalement les rayons $\beta$, peuvent se diffuser. Si l'on envoie, sur un écran mince un faisceau de rayons provenant d'un sel de radium, les rayons α sont absorbés, les rayons γ traversent partiellement l'écran à l'état de faisceau bien défini aux bords nets; quant aux rayons β, ils sont diffusés dans tous les sens. Cependant, cette diffusion ne paraît pas une propriété constante des rayons β. M. Becquerel a montré qu'un faisceau de rayons β se propage à l'état bien défini dans la paraffine.

## Rayons γ.

Les rayons γ sont tout à fait comparables aux rayons de Röntgen; ils ne possèdent donc aucune charge électrique. Ils ne forment qu'une très faible partie du rayonnement du radium. Certains rayons γ ont un pouvoir de pénétration extraordinaire; quelques-uns peuvent traverser plusieurs centimètres de plomb. Ils ionisent l'air faiblement et donnent une trace tout à fait nette, mais légère sur la plaque photographique. Toutefois, il est possible que l'énergie de ces rayons soit considérable, car si les effets sur la plaque sensible et les gaz sont faibles, cela tient en grande partie à la faible absorption subie par ces rayons.

En résumé, les rayons émis par le radium ont tous les caractères de ceux qu'émet l'ampoule de Crookes. Les *rayons* α, chargés positivement, correspondent aux *rayons-canaux* de Goldstein, les *rayons* β aux *rayons cathodiques* et les *rayons* γ aux *rayons de Röntgen*.

Les rayons du radium sont pourtant plus pénétrants. Tandis que les rayons-canaux ne parcourent, dans le vide, qu'une distance de quelques centimètres, les rayons α parcourent la même distance dans l'air à la pression atmosphérique. Les rayons cathodiques traversent difficilement une feuille d'aluminium de 4 millièmes de millimètre. Enfin, si les rayons de Röntgen peuvent traverser une épaisseur assez grande de certains corps opaques, ils sont complètement arrêtés par une feuille de plomb de 1 ou 2 millimètres d'épaisseur, tandis qu'on peut constater un effet appréciable des rayons γ à travers une épaisseur de plomb de 5 ou 6 centimètres.

# CHAPITRE V

# EFFETS PRODUITS PAR LE RAYONNEMENT
# DES SELS DE RADIUM

### Effets de fluorescence et effets lumineux.

Les rayons émis par les sels de radium provoquent la fluorescence d'un très grand nombre de corps. Avec quelques substances, cette fluorescence peut être très belle, quand le produit radifère employé est très actif. Les sels alcalins et alcalino-terreux, le sulfate double d'uranyle et de potassium, les matières organiques (coton, papier, sulfate de cinchonine, peau), le quartz, le verre deviennent phosphorescents par l'action des rayons de Becquerel. Parmi les différentes espèces de verre, le verre de Thuringe est particulièrement lumineux. Les corps les plus sensibles sont le platinocyanure de baryum, qui prend une magnifique phosphorescence verte, et celui de potassium, qui devient bleu azur. La willémite (cristal de silicate de zinc naturel), le sulfure de zinc de Sidot, le diamant, prennent dans ces conditions un éclat très vif. Enfin, la kunzite, minéral trouvé en Amérique, devient rose-saumon.

Tous les groupes de rayons semblent capables de produire la phosphorescence; cependant la willémite et le platinocyanure de baryum sont particulièrement lumineux avec les rayons β pénétrants, tandis qu'avec les rayons α, il est préférable d'employer le sulfure de zinc de Sidot.

On peut encore observer la fluorescence du platinocyanure de baryum, même quand celui-ci est séparé du radium par un écran absorbant. L'écran de platinocyanure de baryum est encore lumineux quand on le sépare du radium par le corps humain.

La phosphorescence est très visible même quand le sel de radium est placé à 2 ou 3 mètres de l'écran. Dans ces conditions, il faut cependant que le sel employé soit très actif. Avec un cristal de platino-cyanure, la luminosité produite est très intense, surtout si le sel de radium est placé contre le cristal.

La belle phosphorescence obtenue avec le diamant est susceptible d'une application pratique. Il est, en effet, possible de distinguer, par l'action des rayons du radium, le diamant de ses imitations (strass, verres lourds). Ces derniers ont une luminosité extrêmement faible, comparée à celle du diamant.

Avec le sulfure de zinc, la luminosité persiste assez longtemps quand on supprime l'action du rayonnement.

On peut admettre que la luminosité spontanée des sels de radium est due à ce qu'ils se rendent eux-mêmes phosphorescents par l'action des rayons de Becquerel qu'ils émettent.

Dans certains cas, elle est suffisamment intense pour permettre la lecture d'un livre ; elle peut même se voir en plein jour. La lumière émise par le bromure est la plus forte.

Cette lumière a été récemment examinée par M. et Mᵐᵉ Huggins, au spectroscope. Ils ont constaté le fait très curieux que le spectre n'est pas parfaitement continu ; il présente des renforcements, dont les positions correspondent exactement aux bandes brillantes du spectre de l'azote, obtenu en analysant la lumière produite par des décharges électriques à travers ce gaz.

Il est naturel de penser que ces bandes sont dues aux décharges électriques du rayonnement du radium à travers l'air occlus ou environnant. La totalité de la lumière des sels de radium ne serait donc pas due à la phosphorescence de ceux-ci.

## Coloration des corps par l'action des rayons du radium.

En général, les substances phosphorescentes, soumises à une action prolongée des sels de radium, sont peu à peu altérées et deviennent alors moins excitables et moins lumineuses sous l'action de ces sels. En même temps, on constate que la plupart de ces corps subissent une altération très notable dans leur coloration. Il est, d'autre part, possible d'admettre que ces variations de coloration sont accompagnées d'une modification chimique de la substance phosphorescente.

Les rayons du radium colorent le verre en violet, en brun ou en noir; cette coloration se produit dans la masse même du verre et persiste quand on éloigne le sel de radium qui l'a produite. Les sels alcalins se colorent en jaune, en violet, en bleu ou en vert; le quartz transparent se transforme en quartz enfumé; la topaze incolore devient jaune orangé, etc.

Sous l'action du rayonnement du radium, le platinocyanure de baryum brunit; mais il reprend partiellement sa teinte primitive quand on l'expose pendant quelque temps à la lumière. Le sulfate d'uranyle et de potassium jaunit.

Le verre coloré par le radium et chauffé ensuite vers 500 degrés se décolore. En même temps, cette décoloration est accompagnée d'une émission de lumière. Ce phénomène, connu sous le nom de *thermoluminescence*, avait déjà été observé sur certains corps, tels que la fluorine. La fluorine devient lumineuse quand on la chauffe. Cette luminosité s'épuise peu à peu. On peut cependant lui restituer la faculté de devenir lumineuse par la chaleur, en l'exposant à l'action d'une étincelle ou d'un sel de radium. Dans ces conditions, la fluorine revient à son état primitif.

Le phénomène est identique avec le verre exposé aux rayons du radium. Il se produit une transformation dans le verre pendant qu'il est soumis à l'action des sels de radium, puisque la coloration augmente progressivement; quand on chauffe, la transformation inverse se produit, la coloration disparaît et le phénomène est accompagné d'une émission de lumière. Le verre est ramené à son état primitif; il est susceptible d'être coloré à nouveau par l'action des rayons du radium.

Il est possible qu'il y ait là une modification d'ordre chimique à laquelle la production de la lumière serait intimement liée. Ce phénomène peut être général; la fluorescence produite par l'action des sels de radium dépendrait d'une transformation chimique ou physique de la substance qui émet la lumière.

## Effets chimiques et photographiques.

Les rayons du radium provoquent diverses actions chimiques. On pourrait déjà ranger dans ce groupe tous les phénomènes de fluorescence et de coloration précédemment décrits.

En dehors de ces considérations, les radiations émises par les sels de radium sont susceptibles de produire des réactions chimiques bien nettes. Ainsi le phosphore blanc se transforme en phosphore rouge.

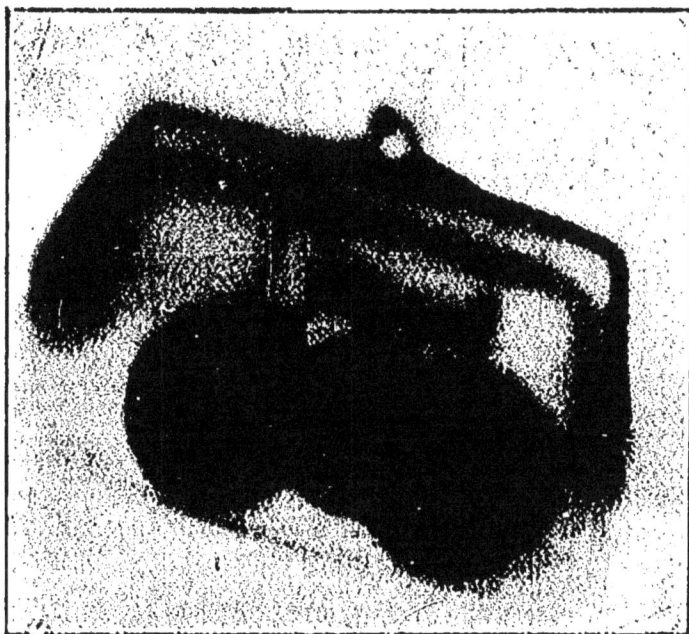

Fig. 23. — Radiographie obtenue avec les sels de radium.

Dans le voisinage des sels de radium, on peut constater dans l'air la production d'ozone. Cependant, pour que l'ozone puisse se produire, il est nécessaire qu'il y ait communication directe, si petite soit-elle, entre l'air à ozoniser et le radium. Cette réaction semble plutôt liée au phénomène de la radioactivité induite que nous étudierons plus loin.

Le papier est coloré en jaune par l'action du radium; simultanément il devient fragile et s'effrite très facilement.

Les sels de radium eux-mêmes semblent éprouver une altération, sous l'action du rayonnement qu'ils émettent. Ils se colorent, dégagent des composés oxygénés du chlore, si le sel est un chlorure, et du brome, si le sel est un bromure. M. Giesel a montré qu'une solution d'un sel de radium dégage de l'hydrogène d'une façon continue. Le rayonnement du radium agit sur les substances employées en photographie de la même manière que la lumière. Cette propriété, jointe à la plus ou moins grande transparence des diverses substances pour le rayonnement, permet d'obtenir des radiographies comparables

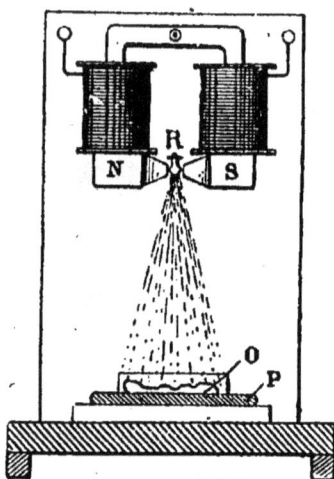

Fig. 24. — Dispositif pour obtenir des radiographies avec les sels de radium.

à celles obtenues avec les rayons X, et cela beaucoup plus simplement. Une petite ampoule en verre contenant quelques centigrammes d'un sel de radium remplace le tube de Crookes et les nombreux appareils qu'il exige pour son fonctionnement.

On peut opérer à grande distance et avec des sources de très petites dimensions : on obtient alors des radiographies assez fines (fig. 23). Dans ces conditions, on utilise les rayons β et γ, les rayons α étant très rapidement absorbés. Les radiographies ainsi obtenues manquent de netteté; les rayons β, en traversant l'objet à radiographier, éprouvent, en effet, de la diffusion et occasionnent un certain flou.

Pour obtenir des radiographies bien nettes, il est utile de supprimer les rayons $\beta$ en les faisant dévier par un électro-aimant puissant. On emploie, à cet effet, le dispositif représenté par la figure 21. L'objet à radiographier O est placé sur la plaque photographique entourée de papier noir P. L'ampoule de sel de radium est placée en R entre les pôles d'un électro-aimant; si l'on excite cet électro-aimant, les rayons $\gamma$ sont seuls utilisés; comme ils ne forment qu'une faible partie du rayonnement total, la pose doit être considérablement augmentée. Il faut alors plusieurs jours pour obtenir une radiographie. La radiographie d'un objet, tel qu'un porte-monnaie, demande un jour avec une source radiante constituée par quelques centigrammes de sel de radium, enfermés dans une ampoule de verre et placés à 1 mètre de la plaque sensible devant laquelle se trouve l'objet.

Si l'ampoule est placée à 20 centimètres de distance de la plaque sensible, le même résultat est obtenu en une heure.

Tous les sels de radium assez actifs doivent être exclus du laboratoire de photographie, sous peine d'altérer les substances photographiques sensibles qui peuvent s'y trouver.

### Action ionisante des rayons du radium.

Les rayons du radium rendent l'air qu'ils traversent conducteur de l'électricité. On est convenu d'utiliser cette propriété importante dans la mesure du rayonnement des substances radioactives.

Quand on approche quelques décigrammes d'un sel de radium d'un électroscope chargé, celui-ci se décharge immédiatement. La décharge se produit encore, mais toutefois plus lentement, quand on protège l'électroscope par une paroi métallique épaisse. Le plomb, le platine absorbent facilement les radiations; l'aluminium, au contraire, est le métal le plus transparent. Les substances organiques sont relativement très transparentes pour les rayons de Becquerel.

L'expérience suivante, imaginée par M. Curie, met en évidence, d'une façon très brillante, la conductibilité acquise par l'air sous l'influence des sels de radium.

Le secondaire d'une bobine d'induction B (fig. 25) est relié par des fils métalliques à deux micromètres à étincelles M et M' éloignés suffisamment l'un de l'autre et offrant deux chemins distincts équivalents pour le passage de l'étincelle.

On règle les micromètres de telle sorte que les étincelles passent à peu près aussi abondantes entre les boules de chacun d'eux. Si l'on approche de l'un des micromètres une ampoule contenant un sel de radium, les étincelles cessent de passer à travers l'autre, le chemin offert par le premier micromètre étant beaucoup moins résistant que le chemin offert par le second.

L'expérience réussit encore très bien si l'ampoule de radium est protégée par une plaque de plomb de plusieurs centimètres d'épais-

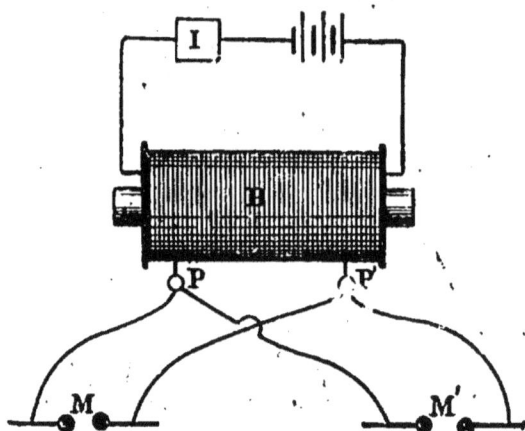

FIG. 25. — Dispositif pour vérifier la conductibilité donnée à l'air par les sels de radium.

seur; l'action de l'étincelle n'est pas fortement diminuée, alors que la plus grande partie du rayonnement est arrêtée par la plaque. Il semble que, dans ce phénomène, les rayons très pénétrants soient les plus efficaces.

Le mécanisme de la conductibilité produite dans les gaz par les rayons de Becquerel est analogue à celui qui est relatif aux rayons de Röntgen. Sous l'influence du rayonnement, le gaz est ionisé, c'est-à-dire que ses molécules subissent une dissociation particulière dont le résultat final est de créer, dans le gaz, des centres chargés d'électricité appelés *ions*. Ce gaz ionisé, placé dans un champ électrique, se comporte comme un gaz conducteur. Plus la substance est active, plus le nombre d'ions produit est grand et plus élevée est la conductibilité. La conductibilité est donc intimement liée à l'activité de la substance; cette dernière considération justifie en partie l'application de cette propriété à la mesure du rayonnement des substances radioactives.

Dans un laboratoire où l'on travaille avec les sels de radium, il est impossible d'avoir un appareil bien isolé, car l'air de la pièce est conducteur. On est obligé d'employer des dispositifs spéciaux, tels que celui qui consiste à entourer de diélectriques solides les conducteurs chargés.

M. Curie a montré que les rayons du radium agissent sur les diélectriques liquides comme sur l'air, en leur communiquant une certaine conductibilité électrique. On peut constater ce phénomène avec l'éther de pétrole, l'huile de vaseline, la benzine, l'amylène, le sulfure de carbone, l'air liquide.

### Emploi des sels de radium dans l'étude de l'électricité atmosphérique.

Les sels de radium peuvent remplacer avantageusement les flammes ou les appareils à gouttes d'eau de lord Kelvin, généralement employés jusqu'à présent dans l'étude de l'électricité atmosphérique. A cet effet, le sel de radium est enfermé dans une petite boîte métallique plate, dont l'une des faces est constituée par une lame d'aluminium très mince. Cette boîte est fixée à l'extrémité d'une tige métallique en relation avec un électromètre. L'air est rendu conducteur au voisinage de l'extrémité de la tige et celle-ci prend le potentiel de l'air qui l'entoure. Les mesures s'effectuent à l'électromètre.

### Effets physiologiques.

Les rayons du radium provoquent diverses actions physiologiques. Ils ont une action très nette sur l'épiderme.

Si l'on place sur la peau une petite capsule en celluloïd renfermant un sel de radium très actif et si on l'y laisse pendant quelque temps, on n'éprouve aucune sensation particulière, mais quinze à vingt jours

4

après, il se produit sur la peau une tache rouge, puis une escarre dans la région où a été appliquée l'ampoule ; si l'action du radium a été assez longue, il se forme ensuite une plaie qui peut mettre plusieurs mois à guérir.

Dans une expérience, M. Curie a fait agir sur son bras un produit radiant relativement peu actif pendant dix heures. La rougeur se manifesta de suite, et il se forma plus tard une plaie qui mit quatre mois à guérir. L'épiderme a été détruit localement, et n'a pu se reconstituer à l'état sain que lentement et péniblement, avec formation d'une cicatrice très marquée. Dans une autre expérience, l'exposition au sel de radium a duré une demi-heure et la brûlure n'est apparue qu'au bout de quinze jours. Il se forma une ampoule qui mit quinze jours à guérir. Enfin, dans une troisième expérience, l'exposition ayant duré seulement huit minutes, la tache rouge ne se montra que deux mois après ; l'effet fut d'ailleurs insignifiant.

Les résultats précédents indiquent qu'il faut éviter de garder longtemps sur soi un sel de radium autrement qu'enveloppé dans une feuille de plomb très épaisse.

L'action des rayons du radium sur la peau est analogue à celle que produisent les rayons de Röntgen ou la lumière ultra-violette. Elle peut se produire à travers des corps quelconques, mais les effets sont moins marqués.

Ces quelques expériences ont été le point de départ de tentatives multiples de guérison des lupus, des cancers, et de diverses autres maladies de la peau. Le radium a donné, jusqu'à ce jour, des résultats encourageants. La technique du traitement de ces maladies est très simple : l'épiderme partiellement détruit par l'action des rayons du radium se reforme à l'état sain.

L'action du radium sur la peau a été étudiée par M. le docteur Danlos, à l'hôpital Saint-Louis, comme procédé de traitement du lupus.

M. Danlos a observé que la surface malade, soumise à l'action du radium, présente une série de modifications d'intensité progressive. Tout d'abord et peu à peu, il se forme une tache rouge ; après un temps variant de six à vingt jours, suivant l'état antérieur, l'épiderme prend un aspect blanchâtre et finit par tomber ; de petites plaies isolées se produisent, s'agrandissent, et constituent finalement une ulcération qui secrète un liquide rougeâtre assez abondant. Un mois après, l'ulcération se ferme et une cicatrice se forme, blanche, lisse et souple.

Ce traitement serait fort simple et assez rapide en comparaison des procédés anciens. Il se fait sans douleur et n'occasionne que bien rarement des cicatrices difformes. '

A l'heure actuelle, un très grand nombre d'essais sont poursuivis tant à Paris, qu'à Vienne, à Londres ou à New-York. Il manque cependant encore la sanction de l'expérience, mais on peut espérer que le traitement des maladies de la peau par le radium prendra une place importante à côté de la thérapeutique par les rayons de Röntgen, dont les succès sont déjà assez nombreux. Si les effets obtenus sont comparables à ceux produits par les rayons de Röntgen ou la lumière ultra-violette, il est probable que l'on préférera le traitement par les rayons du radium, car, avec quelques décigrammes de substance, on évitera l'achat d'un matériel coûteux, encombrant, et d'une manipulation assez délicate.

M. Giesel a montré que les rayons du radium agissent sur l'œil. Quand on place dans l'obscurité une ampoule contenant un sel de radium au voisinage de la paupière fermée ou de la tempe, il se produit dans l'œil une sensation de lumière. MM. Himstedt et Nagel ont montré que, dans ces expériences, les milieux de l'œil deviennent lumineux par phosphorescence sous l'action des rayons du radium et la lumière que l'on aperçoit a sa source dans l'œil lui-même. Les aveugles, chez lesquels la rétine est intacte, sont sensibles à l'action du radium, tandis que ceux dont la rétine est malade n'éprouvent pas la sensation lumineuse due aux rayons.

Le rayonnement du radium a un effet bactéricide ; il empêche ou entrave le développement des colonies microbiennes. Cette action est cependant peu intense.

M. Danysz, à l'Institut Pasteur, a étudié particulièrement l'action des rayons sur la moelle et sur le cerveau. Cette action est très énergique. M. Danysz a constaté que si l'on plaçait, pendant une heure, une ampoule contenant un sel de radium très actif le long de la colonne vertébrale d'une souris, l'animal était paralysé au bout de quelques jours et mourait rapidement. Des faits analogues se présentent, si l'on place l'ampoule sur la masse cérébrale d'un lapin dont on a trépané le crâne;

M. Bohn a montré que le radium modifie les tissus des animaux en voie de croissance.

M. Giesel a enfin remarqué que les feuilles des plantes soumises à l'action du rayonnement du radium jaunissaient, puis s'effritaient.

M. Matout a fait quelques expériences sur la germination de graines exposées au rayonnement du radium avant d'être plantées. Après une exposition qui a duré environ une huitaine de jours, des graines de cresson et de moutarde blanche plantées ultérieurement n'ont pas germé. Le rayonnement du radium a donc altéré la graine au point de détruire la faculté de germer.

### Action de la température sur le rayonnement.

Le rayonnement du radium est le même, que le radium soit placé dans l'air liquide ($t = -180$ degrés) ou qu'il soit à la température ambiante. Diverses expériences le démontrent. Ainsi la luminosité d'un sel de baryum radifère persiste, si l'on plonge dans l'air liquide l'ampoule qui contient le radium. A la température de l'air liquide, le radium continue à exciter la fluorescence du platinocyanure de baryum. Si l'on place au fond d'une éprouvette en verre une ampoule contenant un sel de radium et un petit écran au platinocyanure de baryum rendu lumineux par le voisinage du radium, et qu'on plonge ensuite l'éprouvette dans l'air liquide, on constate que l'écran ea platinocyanure de baryum est aussi lumineux qu'avant l'immersion.

Tels sont, rapidement résumés, les principaux effets du rayonnement des sels de radium.

Il nous reste à étudier un phénomène de nature différente et d'une portée considérable par ses conséquences. Ce phénomène, connu sous le nom de *radioactivité induite,* fera l'objet de la dernière partie de cette étude.

## CHAPITRE VI

# LA RADIOACTIVITÉ INDUITE ET L'ÉMANATION DU RADIUM

## Phénomène d'activation.

Tous les corps solides, liquides ou gazeux, placés pendant quelque temps au voisinage d'un sel de radium, acquièrent les propriétés radiantes de celui-ci ; ils deviennent radioactifs et émettent à leur tour des rayons de Becquerel. Il y a en quelque sorte transmission d'activité du sel de radium aux corps mis en sa présence. Ce fait constitue le phénomène de la *radioactivité induite*.

La radioactivité induite se propage dans les gaz de proche en proche par conduction. Du reste, les gaz eux-mêmes, au voisinage des sels de radium, deviennent radioactifs.

Le phénomène se produit d'une façon particulièrement intense si on place les corps à activer, dans une enceinte fermée, avec un sel de radium solide ou mieux avec une solution d'un sel de radium. De plus, M. Rutherford a montré que l'activité prise par les corps était beaucoup plus considérable quand on les portait à un potentiel électrique négatif par rapport aux corps environnants.

Disposons, dans une enceinte close M remplie d'air (fig. 26), un sel de radium placé dans une petite capsule *a* et diverses substances telles que A, B, C, D, E.

Dans ces conditions et au bout d'un temps suffisant, tous les corps se sont activés. On peut alors les soustraire à l'action du radium, les retirer de l'enceinte et constater qu'ils sont devenus le siège d'une émission de rayons de Becquerel. L'activité de ces substances pourra être déterminée au moyen du dispositif indiqué plus haut pour la mesure de l'activité des substances radioactives.

L'activité prise par les corps B, C, D, E est la même quelle que soit leur nature (plomb, cuivre, verre, ébonite, carton, paraffine, celluloïd). Cependant l'activité d'une face de l'une des lames est d'autant plus élevée que l'espace libre en regard de cette face est plus grand. Ainsi la face intérieure de l'une des lames A est moins active que sa face extérieure.

Les corps activés et éloignés des sels de radium conservent un certain temps leur activité; celle-ci diminue peu à peu et finit par disparaître.

On constate que l'activité de la lame augmente d'abord avec la

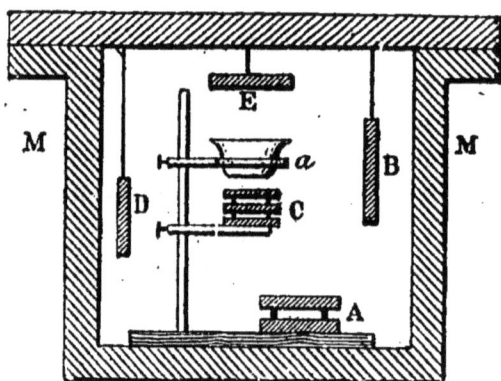

Fig. 26. — Activation des corps dans une enceinte fermée.

durée du séjour dans l'enceinte, mais qu'elle atteint une certaine valeur limite pour un séjour assez prolongé.

La nature et la pression du gaz de l'enceinte et la position relative des substances à activer n'ont aucune influence sur les phénomènes observés, et l'activité prise par les différents corps est proportionnelle à la quantité de sel de radium qui s'y trouve.

Le rayonnement du sel de radium ne joue aucun rôle dans la production de la radioactivité induite; on peut, en effet, recommencer l'expérience précédente après avoir enfermé le sel de radium dans une ampoule scellée. Après plusieurs jours, on peut constater à l'électroscope qu'aucune des lames placées dans l'enceinte n'émet de rayons de Becquerel; elles ne se sont pas activées. Pour que les corps puissent acquérir la propriété d'émettre des rayons de Becquerel, il est nécessaire que ces corps soient en relation, directe ou par l'intermédiaire d'une substance gazeuse, avec le sel de radium.

## L'émanation du radium.

Pour expliquer ces phénomènes, nous pouvons supposer avec M. Rutherford que le radium dégage, d'une façon continue, un gaz matériel radioactif, que l'on nomme *émanation*. Cette émanation se répand dans l'espace, se mélange aux gaz qui entourent le sel de radium et peut venir agir sous une forme particulière à la surface des corps solides pour les rendre radioactifs. Les phénomènes de la radioactivité induite seraient donc le résultat d'un transport d'énergie radioactive effectué par l'émanation.

Tous les gaz placés au voisinage des sels de radium deviennent radioactifs; d'après l'hypothèse précédente, ils sont chargés d'émanation. Ces gaz peuvent donc communiquer de l'activité aux corps solides que l'on met en leur présence.

Si l'on transporte ce gaz activé dans une autre enceinte, il conserve pendant un temps assez long la propriété de rendre radioactifs les corps solides amenés en contact avec lui; cependant, dans ces conditions, l'émanation entraînée avec le gaz se détruit spontanément, et le gaz perd ses propriétés activantes. Cette vitesse de destruction est telle que la quantité d'émanation répandue dans le gaz diminue de moitié en quatre jours.

Les sels de radium sont le siège d'un débit constant d'émanation. Si l'on enferme une solution d'un sel de radium dans une ampoule à moitié pleine de liquide, l'émanation s'accumule dans le gaz au-dessus de la solution. La quantité d'émanation accumulée ne croit pas indéfiniment; l'émanation se détruit partiellement, en effet, pendant que le radium en produit une nouvelle quantité; l'équilibre limite est obtenu quand la perte résultant de la disparition de l'émanation compense la production continue d'émanation du sel de radium.

## Disparition de la radioactivité induite par les sels de radium dans une enceinte fermée.

Supposons que l'on accumule de l'émanation dans un tube A (fig. 27) en le mettant en communication avec une ampoule B, contenant un sel de radium en solution S. Au bout de quelques jours, l'air contenu dans le tube A s'est chargé d'émanation : il est devenu radioactif et a communiqué de l'activité aux parois. Si l'on sépare ensuite le tube de l'ampoule en fermant à la lampe la partie $a$, on peut constater que le tube A émet des rayons de Becquerel.

Fig. 27. — Prise d'émanation dans un tube.

A cet effet, on emploie un dispositif expérimental analogue à celui qui a servi à déterminer l'intensité du rayonnement des matières radioactives, mais on remplace le condensateur à plateaux par un condensateur cylindrique. Ce condensateur (fig. 28) se compose essentiellement de deux tubes concentriques, dont l'un B, en aluminium mince, est relié à une pile d'un grand nombre d'éléments, et l'autre, en cuivre, est mis en communication avec l'électromètre et le quartz. L'ensemble de ces deux tubes est placé dans une caisse métallique E mise à la terre.

On peut à l'aide de cet appareil étudier le rayonnement extérieur du récipient A, en le plaçant dans le cylindre intérieur du condensateur. Les rayons émis par le tube rendent conducteur l'air entre les deux cylindres. Le courant qui circule est compensé à chaque instant par le quartz piézo-électrique.

On constate alors que le rayonnement extérieur du tube A diminue avec le temps, suivant une loi exponentielle rigoureuse. Cette loi est

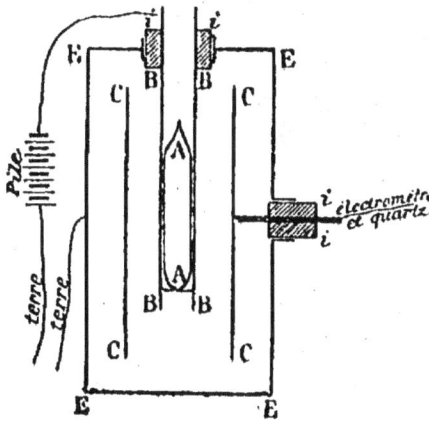

FIG. 28. — Condensateur cylindrique pour la mesure de l'activité des tubes actifs.

de la forme : $I = I_0 e^{-kt}$, $I_0$ étant la valeur initiale, et I la valeur, à l'instant $t$, du rayonnement. En prenant la seconde pour unité, on a $k = 2,01 \times 10^{-6}$. Le rayonnement baisse *de moitié en quatre jours.* Cette loi de désactivation (fig. 29) est absolument invariable, quelles que soient les conditions de l'expérience (dimensions et nature du réservoir, pression et nature du gaz, intensité du phénomène au début, température). La constante de temps qui caractérise la disparition de l'activité du tube est une donnée caractéristique des sels de radium utilisés pour le rendre actif. Cette constante pourrait servir à définir un étalon de temps.

Cette loi est, en réalité, la loi de disparition spontanée de l'émanation. En effet, si, après avoir activé un tube tel que A, on y fait le vide de manière à extraire l'air chargé d'émanation, on constate que le rayonnement diminue beaucoup plus rapidement : il baisse de moilié pendant chaque demi-heure. Cette loi de désactivation est la même que celle suivant laquelle les corps solides activés perdent à l'air libre leur activité. On est conduit à admettre que l'activité de l'enceinte A est entretenue en partie par l'émanation qu'elle contient, et que la loi trouvée correspond bien à la destruction de l'émanation.

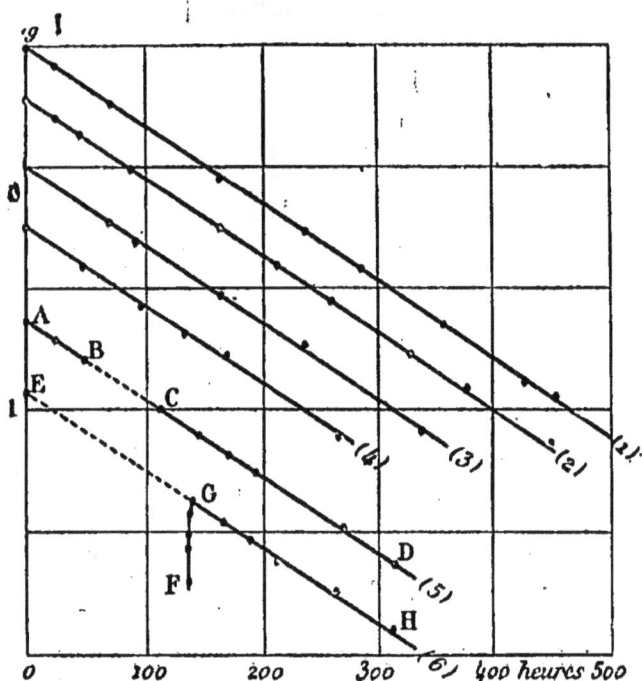

FIG. 29. — Courbes de disparition de la radioactivité induite par les sels de radium dans une enceinte fermée.

Si, après avoir activé un tube tel que A, on mesure son rayonnement immédiatement avant et après l'extraction de l'air, on constate que ce rayonnement n'a pas changé au moment où on a retiré l'air actif. Le rayonnement de l'air chargé d'émanation ne produit donc pas d'action dans cette expérience. Il est possible cependant qu'il existe, mais il doit être constitué par des rayons très peu pénétrants, incapables de traverser la paroi du verre.

L'expérience suivante donne une confirmation bien nette de cette hypothèse. Un tube métallique A (fig. 30) communique avec une solution d'un sel de radium S et est fermé à l'autre extrémité par un bouchon isolant *i*; ce bouchon est traversé par une tige métallique C reliée à l'électromètre. Le tube et la tige forment un condensateur cylindrique; le tube métallique est relié à une pile d'un grand nombre d'éléments. Le tube BB est relié à la terre et sert de tube de garde. Quand le tube A est activé, on le sépare du radium, on mesure l'in-

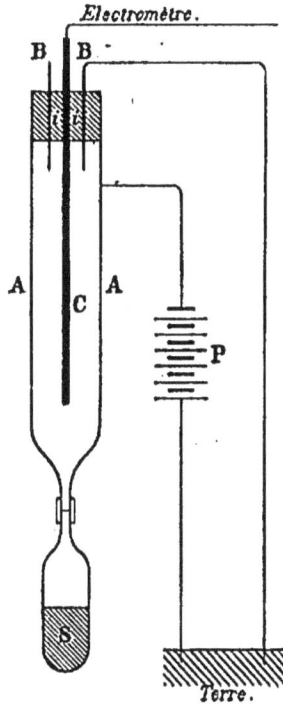

Fig. 30. — Dispositif pour l'étude du rayonnement de l'émanation.

tensité du courant qui traverse le condensateur, on renouvelle alors l'air et on fait immédiatement une nouvelle mesure de l'intensité du courant. On constate que le courant est devenu six fois plus faible. Or, pendant la deuxième mesure, le rayonnement des parois activées agit seul pour ioniser l'air du condensateur, tandis que, pendant la première mesure, l'émanation agit également; on peut donc supposer qu'elle aussi émet un rayonnement. Ce rayonnement est nécessairement très peu pénétrant puisqu'il ne fait pas sentir son action à l'extérieur.

## Disparition de la radioactivité induite par le radium sur les corps solides.

Un corps solide activé, puis soustrait à l'action activante de l'émanation, se désactive suivant une loi relativement complexe au début ; mais, après deux heures de désactivation, l'activité du corps diminue en fonction du temps suivant une loi exponentielle : elle baisse de moitié pendant chaque période d'une demi-heure.

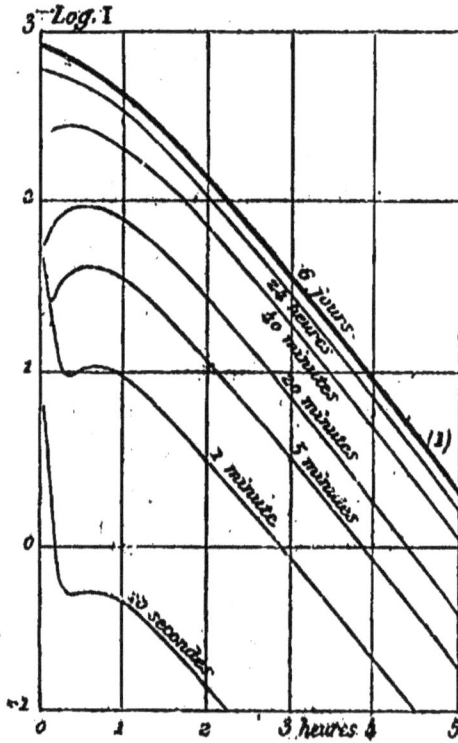

Fig. 31. — Influence de la durée d'activation sur la loi de désactivation.

Si le corps a été soumis à l'action de l'émanation pendant plus de vingt-quatre heures, la loi de désactivation est donnée par la différence de deux exponentielles.

Cette loi est alors de la forme : $I = I_0 [a e^{-bt} — (a — 1) e^{-ct}]$,

$J_0$ étant l'intensité du rayonnement à l'origine du temps $t$. C'est-à-dire au moment où l'on soustrait la lame à l'action de l'émanation. Les coefficients ont pour valeurs : $a = 4,2$ ; $b = 0,000413$ ; $c = 0,000538$.

Cette loi de désactivation est représentée par la courbe 1 de la figure 31. On a porté en ordonnées les logarithmes de l'intensité du rayonnement et en abscisses les temps. Deux heures après le commencement de la désactivation, l'une des deux exponentielles est de-

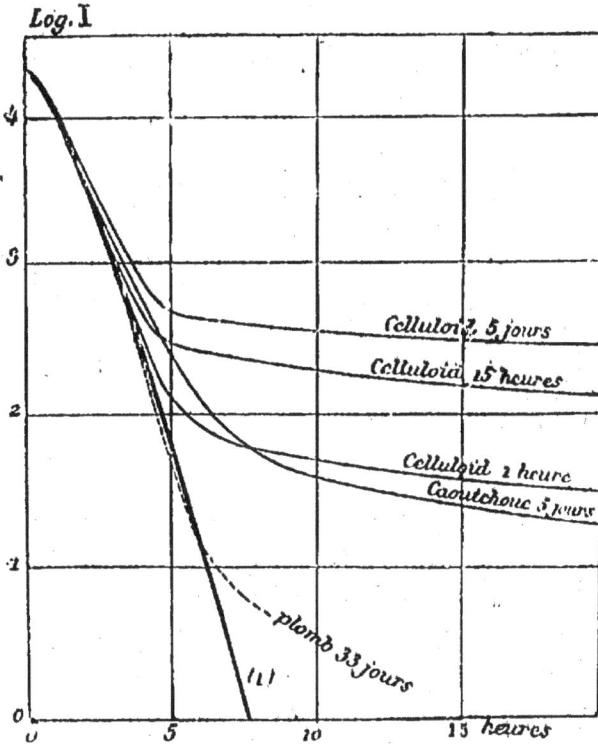

Fig. 32. — Loi de désactivation de quelques substances qui retiennent de l'émanation occluse.

La courbe (1) est la courbe normale.

venue négligeable par rapport à la première, et la courbe représentant la loi est, en raison du choix des unités, représentée par une droite. L'activité baisse de moitié en vingt-huit minutes.

Si la durée d'activation a été inférieure à vingt-quatre heures, la loi de désactivation devient excessivement complexe, et les courbes représentatives du phénomène prennent des formes assez variées. Pour une activation de quelques secondes, par exemple, on constate d'abord une baisse brusque d'activité, puis le rayonnement augmente, passe par un maximum et recommence à diminuer; deux heures après, l'activité a pris sa valeur normale : elle baisse de moitié en vingt-huit minutes. Dans ce cas, l'interprétation du phénomène devient assez délicate, mais présente, cependant, un très haut intérêt théorique. On est conduit à supposer que, sur la lame activée, l'énergie radioactive affecte trois états successifs distincts.

Quand on retire de l'enceinte activante des corps quelconques, on constate que ces corps peuvent émettre eux-mêmes une petite quantité d'émanation. Il semble que les substances s'en soient imprégnées, et qu'elles la dégagent ensuite. La plupart des corps perdent cette petite quantité d'émanation occluse pendant les vingt minutes qui suivent le début de la désactivation. Cependant, certains corps solides, tels que le celluloïd, le caoutchouc, la paraffine, ont la propriété de s'imprégner d'émanation et d'en émettre ensuite pendant plusieurs heures et même plusieurs jours. La loi de désactivation est complètement modifiée (fig. 32).

Si la durée du séjour en présence de l'émanation a été très prolongée, les corps soustraits à cette action se désactivent d'abord, suivant la loi ordinaire (de moitié en vingt-huit minutes), mais l'activité ne disparaît pas complètement ; il reste une activité plusieurs milliers de fois plus faible qu'au début et qui se manifeste pendant quelques années.

### Activité induite des liquides.

Les liquides peuvent devenir radioactifs. Si l'on place dans une enceinte un sel de radium avec des liquides tels que l'eau, les solutions salines, l'essence de pétrole, on constate que c   liquides s'activent faiblement ; il semble que l'émanation s'y dissolve, car si l'on enferme ces liquides dans une ampoule scellée, le rayonnement émis par celle-ci diminue de moitié en quatre jours.

### Rayonnement des sels de radium en solution.

Si l'on place dans un tube scellé une solution d'un sel de radium, on peut constater, au bout de quelque temps, en portant le tube dans l'obscurité, que le verre du tube est lumineux. La portion de ce tube en contact avec le gaz est plus fortement lumineuse que celle en contact avec la solution ; le gaz chargé d'émanation agit fortement sur la paroi du tube. La solution n'émet plus que très peu de rayons, alors que le gaz chargé d'émanation rayonne fortement ainsi que la paroi. Dans ces conditions, tout se passe comme si le sel de radium ne se comportait plus que comme producteur d'émanation : ses propriétés se sont modifiées, et sa radioactivité se trouve extériorisée.

On peut constater, en outre, que l'activité du gaz augmente et n'atteint un régime stable qu'un mois après la fermeture de l'ampoule.

Cet équilibre s'établit quand la perte spontanée d'activité devient égale à la production d'émanation.

Les quelques considérations précédentes permettent d'expliquer la variation d'activité des sels de radium par la chauffe ou la dissolution.

On peut, en effet, admettre que l'émanation produite par le radium ne peut s'échapper que bien difficilement du sel solide, qu'elle s'y accumule en se transformant en radioactivité induite. La chauffe a pour effet de provoquer le dégagement d'émanation. Le sel, ramené à la température initiale, émet beaucoup moins de rayons. Il reprend peu à peu son activité, grâce au débit continu d'émanation qu'il produit et qui s'accumule dans le sel lui-même sous forme de radioactivité induite.

L'effet de la dissolution est analogue : la dissolution effectue un état de division de la matière tel, que l'émanation peut s'échapper facilement. Si l'on évapore la solution, le sel sec est d'abord peu actif, mais il reprend peu à peu son activité primitive par un mécanisme identique au précédent.

## CHAPITRE VII

# PROPRIÉTÉS DE L'ÉMANATION DU RADIUM

## Effets de phosphorescence.

L'émanation du radium provoque, d'une façon très intense, la phosphorescence d'un grand nombre de corps. Les réservoirs de verre contenant l'air chargé d'émanation sont lumineux; le verre de Thuringe est le plus sensible. Le sulfure de zinc de Sidot est particulièrement brillant sous l'action de l'émanation et donne alors une lumière très intense. On peut, par exemple, faire l'expérience au moyen d'un appareil constitué par un gros réservoir en verre dont l'une des moitiés est enduite de sulfure de zinc (fig. 33). On fait le vide dans ce réservoir par le tube T et on aspire ensuite de l'air chargé d'émanation provenant d'un réservoir A. Le tube A contient une solution de sel de radium, et l'émanation dégagée s'est accumulée dans la partie gazeuse. Dès qu'on ouvre le robinet R, le réservoir B devient très lumineux et la lumière émise par le sulfure de zinc est suffisamment intense pour qu'on puisse lire à 10 ou 20 centimètres du tube.

## Diffusion de l'émanation.

Les sels de radium dégagent de l'émanation d'une façon continue. Cette émanation se répand peu à peu au milieu du gaz qui entoure le sel de radium; elle se diffuse dans les gaz; elle peut se propager d'un réservoir à un autre même par un tube capillaire.

L'étude de la diffusion de l'émanation par les tubes capillaires a permis de déterminer la valeur du coefficient de diffusion. La méthode employée est très simple; elle consiste à mesurer, en fonction du temps, le rayonnement de Becquerel émis par un réservoir en verre rempli d'air activé. Ce réservoir communique avec l'atmosphère par un tube capillaire. La mesure du rayonnement du tube s'effectue au moyen de l'appareil décrit plus haut (fig. 28). De la mesure du rayonnement, on déduit la loi de l'écoulement de l'émanation.

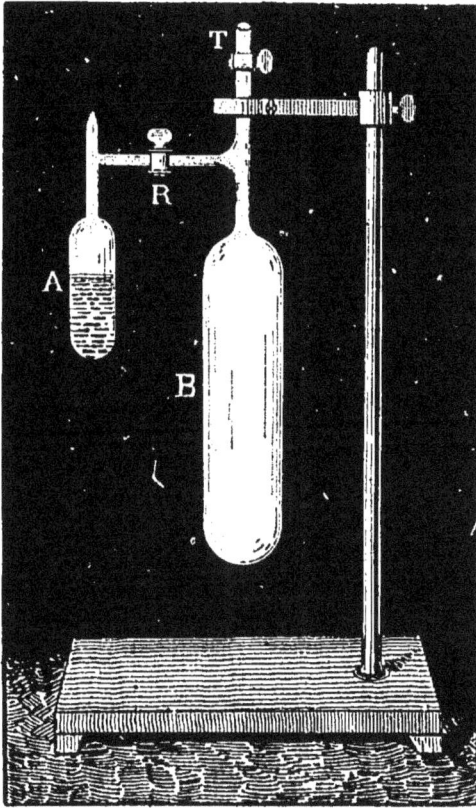

Fig. 33. — Phosphorescence provoquée par l'émanation du radium.

On trouve alors que la vitesse de l'écoulement de l'émanation est proportionnelle à la quantité d'émanation qui se trouve dans le réservoir; elle varie proportionnellement à la section du tube capillaire et en raison inverse de sa longueur. Le coefficient de diffusion de l'émanation dans l'air est égal à 0,10, à la température de 10 degrés. Il est donc voisin de celui de l'acide carbonique dans l'air, qui est égal à 0,15.

5

## L'émanation du radium et la loi de Gay-Lussac.

L'émanation du radium suit la loi de Gay-Lussac; elle se dilate comme un gaz. L'expérience peut être faite de la manière suivante :

Deux réservoirs A et B (fig. 34) remplis d'émanation communiquent par un tube *t*. On mesure dans un condensateur cylindrique le rayonne-

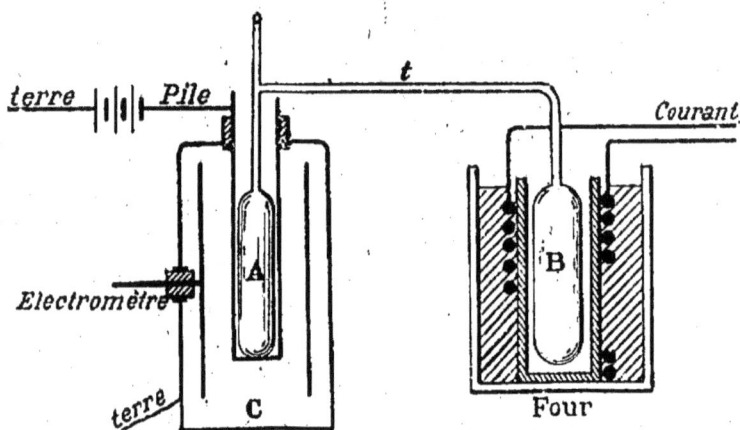

Fig. 34. — Vérification de la loi de Gay-Lussac pour l'émanation.

ment de l'un des tubes A, l'autre étant maintenu à la température ambiante. Si l'on porte ce dernier à une température supérieure T, le rayonnement du tube A augmente et subsiste aussi longtemps que l'on maintient B à la température T. La quantité d'émanation qui est entrée dans le réservoir B est bien la même que celle que l'on calculerait en appliquant la loi de Gay-Lussac.

## Condensation de l'émanation.

MM. Rutherford et Soddy ont montré que l'émanation du radium se condense dans l'air liquide. Un courant d'air chargé d'émanation perd ses propriétés radioactives en traversant un serpentin plongé dans l'air liquide. L'émanation revient à son état primitif si l'on ramène le serpentin à la température ambiante; cette vaporisation se

fait vers —.150 degrés. La température de condensation de l'émanation serait donc de — 150 degrés.

Ce phénomène peut être mis en évidence, d'une manière très
brillante, au moyen de l'appareil suivant (fig. 35) : une solution d'un
sel de radium est placée en A dans un réservoir en verre qui peut
communiquer, par l'intermédiaire de tubes t et t' et de robinets R
et R', avec deux réservoirs B et C, enduits intérieurement de sulfure
de zinc phosphorescent et dans lesquels on a préalablement fait le

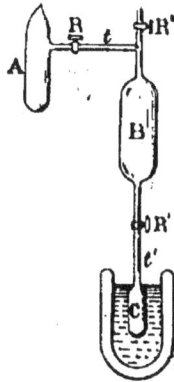

FIG. 35. — Condensation de l'émanation dans l'air liquide.

vide. Si l'on porte l'appareil dans l'obscurité, le tube A seul est faiblement lumineux, mais si l'on ouvre le robinet R, l'émanation
accumulée dans le tube A est aspirée et se répand dans le réservoir
B en provoquant d'une façon intense la phosphorescence du sulfure
de zinc qui y est contenu. Si maintenant on ouvre le robinet R', le
réservoir C s'illumine à son tour. En même temps, on constate une
diminution dans la luminosité de B : l'émanation se partage dans le
rapport du volume de B à la somme des volumes de B et de C
Enfin, si l'on plonge le réservoir C dans l'air liquide, ce réservoir
augmente de luminosité pendant que l'éclat de B disparaît : l'émanation
s'écoule, en effet, peu à peu du réservoir B pour venir se condenser
en C dans l'air liquide. On peut alors fermer le robinet R', et retirer
l'appareil de l'air liquide ; toute l'émanation s'est accumulée dans la partie refroidie, le réservoir C seul est lumineux d'une façon très intense.

### Distillation de la radioactivité induite.

Une lame de platine activée, puis chauffée, perd la plus grande partie de son activité. Si, pendant la chauffe, on entoure la lame activée d'une autre lame maintenue froide, on constate que cette deuxième lame devient radioactive. Il y a transport de radioactivité. Le phénomène est du reste assez complexe. Les lois de désactivation des lames ainsi activées dépendent de la température à laquelle s'est effectuée la distillation. Dans ce phénomène, on peut admettre que c'est l'activité qui distille de la lame activée; la radioactivité induite des corps solides ne serait due qu'à une émanation condensée sur ceux-ci. L'ensemble des résultats obtenus permet de supposer que la radioactivité acquise par les corps solides affecte trois états successifs principaux et distincts. L'action de la température permet de les distinguer.

### Radioactivité induite sur les substances qui ont séjourné en dissolution avec les sels de radium.

Quand on laisse en contact pendant quelque temps un sel dissous avec une solution de sel de radium, le sel prend une certaine activité et, si on le sépare du radium, il possède une activité induite. On peut, par exemple, activer par cette méthode un sel de baryum. Ce baryum activé reste actif après diverses transformations chimiques : son activité est donc une propriété atomique assez stable. Le chlorure de baryum activé se fractionne comme du chlorure de baryum radifère, les parties les plus actives étant les moins solubles dans l'eau et l'acide chlorhydrique étendu. Le chlorure sec est spontanément lumineux ; son rayonnement de Becquerel est analogue à celui du chlorure de baryum radifère. L'activité d'un tel produit peut atteindre mille fois celle de l'uranium. Cependant, au spectre, aucune des raies du radium ne peut être constatée ; de plus, l'activité du produit diminue et, au bout de trois semaines, elle est trois fois plus faible qu'au début.

## Activité induite produite par des agents autres que les substances radioactives.

Il est intéressant de noter que divers essais ont été faits en vue de produire la radioactivité induite en dehors des substances radioactives. M. Villard a soumis à l'action des rayons cathodiques un morceau de bismuth placé comme anticathode dans un tube de Crookes ; ce bismuth a été ainsi rendu actif, du reste d'une façon extrêment faible, car il fallait huit jours de pose pour obtenir une impression photographique. M. Mac Lennan a préparé des sels capables de décharger les corps chargés positivement.

Les études de ce genre offrent un grand intérêt. Si, en se servant d'agents physiques connus, il était possible de créer dans les corps primitivement inactifs une radioactivité notable, on pourrait espérer trouver ainsi la cause de la radioactivité spontanée de certaines matières.

## Présence de l'émanation dans l'air et dans les eaux de source.

MM. Elster et Geitel ont montré que l'air atmosphérique conduit toujours l'électricité d'une façon sensible : il est toujours légèrement ionisé. Cette ionisation semble due à des causes multiples. D'après les travaux de MM. Elster et Geitel, l'air atmosphérique renferme en très petite proportion une émanation analogue à celle émise par les corps radioactifs. Au sommet des montagnes, l'air atmosphérique contient plus d'émanation que dans la plaine ou au bord de la mer. Enfin l'air des caves et des cavernes est particulièrement chargé d'émanation. On obtient encore de l'air très riche en émanation en aspirant, au moyen d'un tube enfoncé dans le sol, l'air qui y est contenu.

On a reconnu la présence de l'émanation du radium dans les gaz extraits de certaines eaux minérales naturelles. Il est possible que les actions physiologiques curatives de ces eaux soient dues en partie aux principes radioactifs qui y sont contenus. Il y a là, pour la thérapeutique, une question d'une très grande importance.

L'air provenant des eaux de mer ou de rivière est à peu près exempt d'émanation.

Dès le début de leurs recherches, MM. Elster et Geitel se sont demandé si la radioactivité acquise par l'air était due à un corps actif contenu dans l'air lui-même, et, dans ce cas, la source de l'émanation serait inséparable de l'air, ou si il existait en dehors de l'air, et alors il fallait déterminer par quelle voie l'émanation y parvenait. Le premier point a été facilement élucidé.

MM. Elster et Geitel ont enfermé, dans une chaudière bien close, un volume d'air de 23 mètres cubes. Ils déterminaient la radioactivité de l'air en tendant à l'intérieur de la chaudière des fils d'aluminium portés à un potentiel négatif élevé, ils déterminaient ensuite l'activité acquise par le fil. Une expérience effectuée dans ces conditions, plusieurs semaines après la fermeture de la chaudière, a donné des résultats négatifs, des fils qui s'activaient au début sont restés inactivés quelques semaines après; il n'y a donc pas de corps radioactif dans l'air. La source de l'émanation ne peut être qu'extérieure.

La teneur exceptionnellement grande en émanation de l'air des caves et des grottes a conduit à la conclusion que cette dernière doit provenir des parois, ou du moins sortir par diffusion du sol environnant.

Cette conclusion a été pleinement vérifiée par l'expérience; l'air aspiré du sol est radioactif. Si l'on enfonce de quelques centimètres dans le sol une grande cloche métallique, on a un appareil qui fonctionne comme source permanente d'air chargé d'émanation.

En mer, où les sorties de gaz du sol font défaut, l'émanation est beaucoup plus faible que sur la terre ferme.

Les eaux provenant de sources profondes, et surtout les eaux thermales, sont très riches en émanation, il en est de même du pétrole brut qui n'a pas été raffiné par distillation. Il est logique de penser que ces liquides ont recueilli l'émanation des corps radioactifs répandus dans le sol. MM. Elster et Geitel ont pu séparer des produits assez actifs de matières telles que les argiles (argiles de Fango) et, dans tous les cas, ils ont retrouvé les phénomènes produits par le radium.

Il semble donc que ce sont des traces infinitésimales de radium répandues partout qui sont la source de la radioactivité de l'air enfermé dans les pores de la terre et de l'air atmosphérique.

Il est possible que les actions physiologiques de l'air des montagnes et de certaines régions soient dues en partie à l'émanation contenue dans l'air.

## Nature de l'émanation.

M. Rutherford admet que l'émanation du radium est un gaz matériel radioactif, de la famille de l'argon. Les propriétés précédemment énoncées tendent en effet à montrer qu'à bien des points de vue, l'émanation du radium se comporte comme un gaz véritable.

Quand on met en communication deux réservoirs en verre, dont l'un contient de l'émanation tandis que l'autre n'en contient pas, l'émanation se diffuse dans le deuxième réservoir et, quand l'équilibre est établi, on constate que l'émanation s'est partagée entre les deux réservoirs dans le rapport des volumes. L'émanation obéit aux lois de Mariotte et Gay-Lussac; elle se diffuse dans l'air, suivant la loi de diffusion des gaz; enfin, elle se condense à basse température, comme un gaz liquéfiable.

Cependant, certains points sont encore bien difficiles à interpréter à l'heure actuelle par cette hypothèse. Ainsi, on n'a pas encore observé de pression due à l'émanation, ni la présence bien nette d'un spectre caractéristique. Aucune réaction chimique n'a pu être obtenue avec l'émanation. Enfin, toutes nos connaissances relatives aux propriétés de l'émanation résultent de mesures de radioactivité.

Il convient toutefois d'ajouter que les recherches récentes sur l'émanation donnent une grande valeur à l'hypothèse d'un gaz matériel radioactif.

## Dégagement d'hélium produit par les sels de radium.

MM. Ramsay et Soddy ont constaté la présence d'hélium dans les gaz qui ont séjourné un certain temps dans une ampoule scellée contenant un sel de radium.

La présence de l'hélium s'est manifestée d'une façon constante dans diverses expériences, et ce gaz a pu être nettement caractérisé par son spectre, obtenu au moyen d'un tube de Geissler. Les raies de l'hélium étaient, de plus, accompagnées de trois raies inconnues.

MM. Ramsay et Soddy ont fait une autre série d'expériences, dans laquelle ils accumulaient l'émanation du radium par condensation dans l'air liquide; ils étudiaient ensuite le spectre de l'émanation au moyen d'un tube de Geissler. Ils ont retrouvé les raies nouvelles. Quant à l'hélium, il était absent du gaz au début des expériences, mais, peu à peu, le spectre de l'hélium est apparu et a augmenté d'intensité d'une façon permanente; d'autre part, les raies nouvelles disparaissaient peu à peu. Il résulte de là qu'il est possible de supposer que l'hélium est l'un des produits de destruction de l'émanation. Cette production d'hélium est liée à la disparition de l'activité du mélange gazeux.

Il est aisé de comprendre l'importance de ce résultat, qui peut s'interpréter en admettant que l'hélium a été créé par l'émanation du radium; on se trouverait là en présence d'un cas de transmutation des corps simples : le radium donnant naissance à l'hélium.

Ce résultat, si surprenant, est cependant en accord avec le fait que l'hélium se trouve seulement dans les minéraux contenant de l'uranium et du radium, et se dégage de ces minéraux quand on les chauffe.

Des expériences en cours tendent à confirmer d'une façon très nette ces résultats, d'une importance fondamentale.

## CHAPITRE VIII

# NATURE DES PHÉNOMÈNES PRODUITS
# PAR LES SELS DE RADIUM

Dès le début de leurs recherches sur la radioactivité, M. et M$^{me}$ Curie se sont demandé si la radioactivité n'était pas une propriété générale de la matière. A l'heure actuelle, il est impossible d'admettre que cette question soit résolue. M$^{me}$ Curie a examiné un très grand nombre de corps et a démontré que ces diverses substances ne possédaient pas une activité supérieure à la centième partie de l'activité de l'uranium.

Cependant, M. Colson a montré que beaucoup de substances peuvent agir à la longue sur les plaques photographiques; quelques travaux récents tendent à confirmer ces faits.

L'examen rapide que nous venons de faire des propriétés des sels de radium montre que ces sels, ou plus généralement tous les corps radioactifs, constituent des sources d'énergie, qui se révèlent à nous sous forme de rayonnement de Becquerel, de production continue d'émanation, d'énergie électrique, chimique et lumineuse, et de dégagement continu de chaleur.

D'autre part, le radium paraît toujours conserver ses mêmes propriétés et ne pas se modifier : ces faits semblent en désaccord avec les principes fondamentaux de l'énergétique.

Comme nous avons encore grande confiance dans le principe de la conservation de l'énergie, la première question que nous devons nous poser est de savoir d'où peut provenir cette énergie.

On s'est souvent demandé si l'énergie *est créée* dans les corps radioactifs eux-mêmes, ou bien si elle est empruntée par ces corps à des *sources extérieures*. Ces deux manières de voir ont été le point de départ

5.

de nombreuses hypothèses, parmi lesquelles nous en retiendrons deux qui paraissent à l'heure actuelle les plus satisfaisantes :

On peut, par exemple, supposer que le radium est un élément en voie d'évolution, que ses atomes se transforment lentement, mais d'une façon continue, et que l'énergie perçue par nous est l'énergie, sans doute considérable, mise en jeu dans la transformation des atomes; le fait que le radium dégage de la chaleur d'une manière permanente plaide en faveur de cette hypothèse. Cette transformation serait, d'autre part, accompagnée d'une perte de poids due à l'émission de particules matérielles et au dégagement continu d'émanation. A l'heure actuelle aucune variation de poids n'a été constatée avec certitude; toutefois, le fait que les sels de radium dégagent de l'émanation qui se transforme en hélium, permet de supposer que les sels de radium perdent du poids : ce dernier fait donne une valeur considérable à cette hypothèse. Du reste, des expériences sur la variation de poids, basées sur la détermination du poids de l'hélium produit, sont en cours.

La deuxième hypothèse consiste à supposer qu'il existe dans l'espace des rayonnements encore inconnus et inaccessibles à nos sens. Le radium serait capable d'absorber l'énergie de ces rayons hypothétiques et de les transformer en énergie radioactive.

Ces deux hypothèses ne sont peut-être pas incompatibles; en tout cas, bien des raisons sont à invoquer pour ou contre ces diverses manières de voir, et le plus souvent les essais de vérification expérimentale des conséquences de ces hypothèses ont donné des résultats négatifs.

Cet exposé, trop rapide, des propriétés des sels de radium, peut cependant donner une idée de l'importance du mouvement scientifique qui a été provoqué par la belle découverte de M. et Mme Curie. Ces physiciens ont fait faire à la science un progrès considérable.

En dehors de leur grand intérêt théorique, les phénomènes produits par les corps radioactifs donnent de nouveaux moyens d'investigation aux physiciens, aux chimistes, aux physiologistes et aux médecins.

Pour abstraites qu'elles soient *a priori*, les recherches de science pure conduisent plus vite qu'on n'est tenté de le croire à des résultats utilitaires.

# BIBLIOGRAPHIE

---

## HISTORIQUE

**H. Poincaré**, (Corps phosphorescents), *Revue générale des Sciences*, 30 janvier 1896.

**Henry**, (Corps phosphorescents), *Comptes rendus de l'Académie des Sciences*, t. CXXII, p. 312.

**Niewenglowski**, (Corps phosphorescents), *Comptes rendus de l'Académie des Siences*, t. CXXII, p. 386.

**Troost**, (Corps phosphorescents), *Comptes rendus de l'Académie des Sciences*, t. CXXII, p. 564.

**H. Becquerel**, (Uranium), *Comptes rendus de l'Académie des Sciences* :
  t. CXXII, p. 420 (24 février 1896);
  t. CXXII, p. 501 (2 mars 1896).

## RAYONNEMENT DE L'URANIUM ET DU THORIUM

**H. Becquerel**, (Uranium), *Comptes rendus de l'Académie des Sciences*
  t. CXXII, p. 559 (9 mars 1896) ;
  t. CXXII, p. 689 (23 mars 1896) ;
  t. CXXII, p. 762 (30 mars 1896) ;
  t. CXXII, p. 1086 (18 mai 1896) ;
  t. CXXIII, p. 855 (23 novembre 1896) ;
  t. CXXIV, p. 438 (1er mars 1897);
  t. CXXIV, p. 800 (12 avril 1897).

**G. C. Schmidt,** (Thorium). *Verh. Phys. Ges.,* Berlin, t. XVII, 14 février 1898, et *Ann. der Phys. und Chem.,* Bd. LXV, s. 141, 1898.

**M^me Sklodowska Curie,** (Rayons du thorium et de l'uranium), *Comptes rendus de l'Académie des Sciences,* t. CXXVI, p. 1101 (12 avril 1898).

## LES NOUVELLES SUBSTANCES RADIOACTIVES

**M. et M^me P. Curie,** (Sur une nouvelle substance radioactive), *Comptes rendus de l'Académie des Sciences,* t. CXXVII, p. 175 (18 juillet 1898).

**M. et M^me P. Curie et M. Bémont,** (Radium), *Comptes rendus de l'Académie des Sciences,* t. CXXVII, p. 1215 (26 décembre 1898).

**Debierne,** (Actinium), *Comptes rendus de l'Académie des Sciences :*
t. CXXIX, p. 593 (16 octobre 1899) ;
t. CXXX, p. 906 (2 avril 1900).

## MESURE DE L'INTENSITÉ DU RAYONNEMENT ET IONISATION DES GAZ

**J. et P. Curie,** *Journal de Physique,* 1882.

**J. Curie,** *Annales de Physique et de Chimie,* 1889 ; *Lumière électrique,* 1888.

**H. Becquerel,** *Comptes rendus de l'Académie des Sciences,* t. CXXIV, p. 800, 1897.

**Kelvin, Beattie et Smolan,** *Nature,* t. LVI, 1897.

**Beattie et Smoluchowski,** *Philos. Mag.,* t. XLIII, p. 418.

**Rutherford,** *Philos. Mag.,* janvier 1899.

**Langevin,** *Recherches sur les gaz ionisés* (Thèse de la Faculté des Sciences de Paris), 1902.

**H. Becquerel,** *Mémoires de l'Académie des Sciences.* (Recherches sur une propriété nouvelle de la matière), 1903.

## MINÉRAUX RADIOACTIFS

M^me Curie, *Comptes rendus de l'Académie des Sciences*, avril 1898.

## EXTRACTION DU RADIUM

M^me Curie, *Recherches sur les nouvelles substances radioactives*, 1903.

## SPECTRE DU RADIUM

Demarçay, *Comptes rendus de l'Académie des Sciences*, décembre 1898, novembre 1899, juillet 1900.

C. Runge, *Ann. der Phys.*, Bd II, s. 742 (11 juin 1900).

G. Berndt, *Physik. Zeitschr.*, Bd II, s. 181 (7 décembre 1900).

F. Giesel, *Physik. Zeitschr.*, Bd III, n° 24, s. 578 (9 septembre 1902).

Giesel, *Physik. Zeitschr.*, 15 septembre 1902.

Runge et Precht, *Physik. Zeitschr.*, t. IV, p. 285, 1903.

## POIDS ATOMIQUE DU RADIUM

M^me Curie, *Comptes rendus de l'Académie des Sciences*, 13 novembre 1899, août 1900, 21 juillet 1902, Thèse de doctorat, 1903; *Physik. Zeitschr.*, 1903, p. 456.

Marshall Watts, *Philos. Mag.*, t. VI, p. 64 (juillet 1903).

Martin, *Chem. News*, t. LXXXIII, p. 130, 1901.

M^me Curie, *Physik. Zeitschr.*, 28 mars 1903; t. IV, s. 456 (15 mai 1903).

## CHALEUR DÉGAGÉE PAR LE RADIUM

P. Curie et Laborde, *Comptes rendus de l'Académie des Sciences*, 16 mars 1903.

P. Curie, *Roy. Inst.*, 19 juin 1903.

E. Rutherford et Barnes, *Philos. Mag.*, février 1904.

## RAYONNEMENT DU RADIUM

**M. et M**me **Curie,** *Comptes rendus de l'Académie des Sciences,* 20 novembre 1899, 8 janvier 1900, p. 73 et p. 76; 5 mars 1900 (charge électrique des rayons); 17 février 1902 (conductibilité des liquides sous l'action des rayons).

**Becquerel,** *Comptes rendus de l'Académie des Sciences,* 4 et 11 décembre 1899, 26 décembre 1899, 29 janvier 1900, 12 février 1900, 9 avril 1900, 30 avril 1900.

**P. Curie et G. Sagnac,** (Rayons secondaires), *Comptes rendus de l'Académie des Sciences,* t. CXXX, p. 1013 (9 avril 1900).

**Dorn,** (Rayons du radium), *Comptes rendus de l'Académie des Sciences,* t. CXXX, p. 1126 (23 avril 1900).

**Villard,** *Comptes rendus de l'Académie des Sciences,* t. CXXX, p. 1178 (30 avril 1900).

**Giesel,** *Wied Ann.,* t. LXIX, p. 91 et p. 834.

**S. Meyer et V. Schweidler,** Académie de Vienne, 7 décembre 1899, 3 et 9 novembre 1899.

**Kauffmann,** *Nachrichten der K. Gesel d. Wiss. zu Gœttingen,* 1901, Heft 2.

**Rutherford,** *Philos. Mag.,* 1902, t. IV, p. 1. *Rayons* α *du radium.*

**Rutherford,** *Philos. Mag.,* février 1903.

**Becquerel,** *Comptes rendus de l'Académie des Sciences,* 26 janvier 1903, 16 février 1903, juin 1903.

**Des Coudres,** *Physik. Zeitschr.,* 1er juin 1903.

**William Crookes,** (Spinthariscope), *Chemical News,* 3 avril 1903.

**J. Stark,** (Rayons α), 7 juillet 1903, *Physik. Zeitschr.,* t. IV. s. 583 (1er août 1903).

## PHOSPHORESCENCE PRODUITE PAR LE RAYONNEMENT

**J. J. Bargmann,** (Thermo-luminescence), *Comptes rendus de l'Académie des Sciences,* t. CXXIV, p. 895 (26 avril 1897).

**W. Arnold**, (Luminescence), *Ann. der Physik und Chemie*, Bd. LXI, s. 324 (1er juin 1897).

**Becquerel**, *Comptes rendus de l'Académie des Sciences*, t. CXXIX, p. 912 (4 décembre 1899).

**P. Bary**, *Comptes rendus de l'Académie des Sciences*, t. CXXX, p. 776 (19 mars 1900).

**E. Wiedemann**, (Thermo-luminescence), *Physik. Zeitschr.*, t. II, p. 269, 1901.

**A. de Hemptinne**, *Comptes rendus de l'Académie des Sciences*, t. CXXXIII, p. 934 (2 décembre 1901).

## EFFETS CHIMIQUES DU RAYONNEMENT

**M. et M^me Curie**, *Comptes rendus de l'Académie des Sciences*, t. CXXIX, p. 823 (20 novembre 1899).

**Berthelot**, *Comptes rendus de l'Académie des Sciences*, t. CXXXIII, p. 659 (28 octobre 1901).

**H. Becquerel**, *Comptes rendus de l'Académie des Sciences*, t. CXXXIII, p. 709 (4 novembre 1901).

## EFFETS PHYSIOLOGIQUES DU RAYONNEMENT DU RADIUM

**Walkhoff**, phot. Rundschau, octobre, 1900.

**Giesel**, *Ber. Dtsch. Chem. Ges.*, t. XXIII.

**Becquerel et Curie**, *Comptes rendus de l'Académie des Sciences*, t. CXXXII, p. 1289. *Action sur l'œil.*

**Giesel**, *Naturforscherversammlung*, 1899.

**Himstedt et Nagel**, *Ann. der Physik.*, t. IV, 1901.

**Danlos**, Soc. de dermatologie, 7 novembre 1901.

**Aschkinas et Caspari**, *Ann. der Physik.*, t. VI, p. 570, 1901.

**Danysz**, *Comptes rendus de l'Académie des Sciences*, 19 février 1903.

**Bohn**, *Comptes rendus de l'Académie des Sciences*, 27 avril et 4 mai 1903. *Traitement du lupus.*

**Hallopau et Gadaud**, Soc. de dermatologie, 3 juillet 1902.

**Blandamour**, thèse, Faculté de Médecine de Paris, 1902.

## RADIOACTIVITÉ INDUITE ET ÉMANATION DU RADIUM

**P. Curie et M^{me} Curie**, *Comptes rendus de l'Académie des Sciences*, 6 novembre 1899.

**P. Curie et Debierne**, *Comptes rendus de l'Académie des Sciences*, 1901 (cinq notes).

**P. Curie**, *Comptes rendus de l'Académie des Sciences*, 17 novembre 1902, 26 janvier 1903.

**P. Curie et J. Danne**, *Comptes rendus de l'Académie des Sciences*, 9 février 1903.

**Dorn**, Abhand. Naturforsch. Ges. Halle, juin 1900.

**A. Debierne**, (Baryum radioactif artificiel), *Comptes rendus de l'Académie des Sciences*, t. CXXXI, p. 333 (30 juillet 1900).

**Rutherford**, *Physik. Zeitschr.*, 20 avril 1901 et 15 février 1902.

**Rutherford et Miss Brooks**, *Chem. News*, 25 avril 1902.

**Rutherford et Soddy**, J. Chem. Soc. London, avril 1902.

**Rutherford**, *Physik. Zeitschr.*, 15 mars 1902 et *Philos. Mag.*, novembre 1902 et janvier 1903.

**Rutherford et Soddy**, (Condensation des émanations), J. Chem. Soc. London, 19 novembre 1902, et *Philos. Mag.*, mai 1903.

## DIFFUSION DE L'ÉMANATION

**P. Curie et J. Danne**, *Comptes rendus de l'Académie des Sciences*, 2 juin 1903.

## LUMIÈRE ÉMISE PAR LES SELS DE RADIUM

**Sir W. Huggins et Lady Huggins**, *Proc. Roy. Soc.*, vol. LXXII, p. 196 (17 juillet, 5 août 1903).

## RADIOACTIVITÉ DE L'ATMOSPHÈRE
## ET DES EAUX DE SOURCE

**Elster et Geitel,** *Physik. Zeitschr.*, 1900 et 1901.

**Wilson,** *Proc. Royal Soc. London,* 1901.

**Rutherford et Allen,** *Philos. Mag.,* 21 décembre 1902.

**Elster et Geitel,** *Physik. Zeitschr.,* 15 septembre 1902.

**Mac Lennan,** *Philos. Mag.,* t. V, p. 419.

**Mac Lennan et Burton,** *Philos. Mag.,* juin 1903.

**Saake,** *Physik. Zeitschr.,* 1903.

**Lester Cooke,** *Philos. Mag.,* octobre 1903.

**J.-J. Thomson,** *Conduction of electricity through gases,* Cambridge 1903.

**J. Elster et H. Geitel,** *Arch. des Sc. Phys. et Nat.,* février 1902. Genève.
— janvier 1904.

**S. S. Allan,** *Philos. Mag.,* février 1901.

## GAZ DÉGAGÉS PAR LE RADIUM

**E. Rutherford et Miss H. T. Brooks,** *Trans. of the Roy. Soc. of Canada,* vol. VII, sec. III, p. 21 (23 mai 1901).

**Giesel,** *Ber. Dtsch. Chem. Ges.,* 1903, p. 347.

**Ramsay et Soddy,** *Physik. Zeitschr.,* 15 septembre 1903.

## DÉGAGEMENT D'HÉLIUM

**W. Ramsay et F. Soddy,** *Physik. Zeitschr,* t. IV, s. 631 (15 septembre 1903). — *Nature,* t. LXVIII, p. 354 (13 août 1903). — *Proc. Roy. Soc.,* t. LXXII, p. 204 (1903).

**Curie et Dewar,** *Comptes rendus de l'Académie des Sciences,* février 1904.

# PERTE DE POIDS DU RADIUM

**E. Dorn,** 5 juin 1903 ; *Physik. Zeitschr.*, t. IV, s. 530 (1er juillet 1903).

# RADIOACTIVITÉ DE LA MATIÈRE
# ET NATURE DE LA RADIOACTIVITÉ

**W. Crookes,** *Comptes rendus de l'Académie des Sciences*, t. CXXVIII, p. 176 (16 janvier 1899).

**H. Becquerel,** *Nature*, t. LXIII, p. 396 (21 février 1901).

**E. Rutherford et G. Soddy,** *Philos. Mag.*, t. IV, p. 370 (septembre 1902).

— *Philos. Mag.*, t. IV, p. 569 (novembre 1902).

**Strutt,** *Philos. Trans.*, 1901 ; *Philos. Mag.*, juin 1903.

**Mac Lennan et Burton,** *Philos. Mag.*, juin 1903.

**Lester Cooke,** *Philos. Mag.*, octobre 1903.

**R. J. Strutt,** *Philos. Mag.*, t. VI, p. 113 (juillet 1903).

**J.-J. Thomson,** *Nature*, t. LXXII, p. 601 (1903).

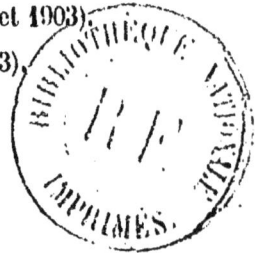

# TABLE DES MATIÈRES

## Chapitre V.

### Effets produits par le rayonnement des sels de radium.

## Chapitre VI.

### La radioactivité induite et l'émanation du radium.

## Chapitre VII.

### Propriétés de l'émanation du radium.

## Chapitre VIII.

### Nature des phénomènes produits par les sels de radium.

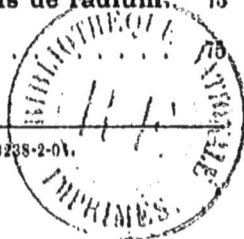

IMPRIMERIE CHAIX, RUE BERGÈRE, 20, PARIS. — 3238-2-01.

# CATALOGUE D'OUVRAGES

SUR

# LA MÉTALLURGIE. — LA CHIMIE

## ET LES INDUSTRIES CHIMIQUES

ÉDITÉS PAR

### La Librairie Polytechnique CH. BÉRANGER
#### Successeur de BAUDRY et Cⁱᵉ

15, RUE DES SAINTS-PÈRES, A PARIS

21, RUE DE LA RÉGENCE, A LIÉGE

————

*Le catalogue complet est envoyé franco sur demande.*

————

## MÉTALLURGIE

**Métallurgie du fer.**

Manuel théorique et pratique de la métallurgie du fer, par A. Ledebur, professeur de métallurgie à l'école des mines de Freiberg (Saxe), traduit de l'allemand par Barbary de Langlade, ancien élève de l'École polytechnique, ingénieur civil des mines, maître de forges ; revu et annoté par F. Valton, ingénieur civil des mines, ancien chef de service des hauts fourneaux et aciéries de Terre-Noire. 2 volumes grand in-8°, avec figures dans le texte, reliés.
2ᵉ édition pour paraître fin août 1903.

**Métallurgie de l'acier.**

La métallurgie de l'acier. Classification et constitution de l'acier. Carbone et fer. Preuves de l'existence des deux modes de combinaisons du carbone et du fer. Effets du carbone sur les propriétés physiques et mécaniques du fer. Trempe, tempérament et recuit. Théorie de la trempe et du recuit. Fer et silicium. Fer et manganèse. Fer et soufre. Fer et phosphore. Influence du phosphore sur les propriétés physiques du fer. Chrome, tungstène, cuivre. Métaux ne se présentant que très rarement dans le fer. Fer et oxygène. Fer et azote. Fer et hydrogène. Fer et oxyde de carbone. Absorption des gaz par le fer et leur développement. Des moyens d'éviter les soufflures et la cavité centrale. De la structure et de tout ce qui s'y rapporte. Étude microscopique des sections polies. Cassure. Changements de cristallisation, etc. Travail à froid, travail à chaud, soudure. Tréfilerie. Laminage et étirage à froid. Poinçonnage et cissaillage. Procédés directs. Affinage au bas-foyer. Procédé au creuset. Chimie du procédé au creuset. Appareils relatifs aux procédés Bessemer. Aciers spéciaux. Enduits préservatifs de la rouille. Trempe au plomb, par Henry Marion Howe, professeur à Boston (Etats-Unis) traduit par Octave Bock, ingénieur aux usines à tubes de la Société d'Escaut et Meuse, à Anzin, ancien chef de service des Aciéries d'Isbergues. 1 volume in-4°, avec de nombreuses figures dans le texte, relié. . . . . . . . . . . . . . . '. 75 fr.

**Métallurgie : Cuivre, plomb, argent et or.**

Traité théorique et pratique de métallurgie : Cuivre, plomb, argent et or. Cuivre. Propriétés, minerais, extraction, purification, voie sèche, voie humide, voie électrométallurgique. Plomb : propriétés, minerais, *extraction du plomb* : 1° des minerais ; 2° de la galène ; 3° du sulfate de plomb ; 4° des produits métallurgiques plombifères. Raffinage du plomb. Argent. Propriétés, minerais, extraction par voie sèche ou ignée, préparation du plomb d'œuvre, enrichissement de l'argent dans le plomb d'œuvre, traitement du plomb d'œuvre pour argent ou

coupellation, voie sèche et voie humide réunies, voie électrométallurgique, extraction par dissolution et précipitation. Or. Propriétés, minerais, *extraction* : 1° par préparation mécanique; 2° par voie sèche; 3° par voies sèche et humide réunies; 4° par transformation en un alliage or mercure; 5° par dissolution aqueuse; 6° par voie électrométallurgique. Séparation de l'or des alliages. *Affinage.* Voie sèche, voie humide, voie électrométallurgique, par C. Schnabel, professeur de métallurgie et de chimie technologique à l'Académie des mines de Clausthal (Harz), traduit de l'allemand par le Dr L. Gautier. 1 volume grand in-8 avec 586 figures dans le texte relié.
19 fr.

## Métallurgie : Zinc, mercure, étain, etc.

Traité théorique et pratique de métallurgie : zinc, cadmium, mercure, bismuth, étain, antimoine, arsenic, nickel, cobalt, platine, aluminium, par C. Schnabel, professeur de métallurgie et de chimie technologique à l'Académie des mines de Clausthal (Harz), traduit de l'allemand par le Dr L. Gautier. 1 volume grand in-8°, avec 373 figures dans le texte, relié. . . . . . . . . . . . . .   30 fr.

## Métallurgie du zinc, du plomb et de l'argent.

Les usines à zinc, plomb et argent de la Belgique. Étude sur les conditions de salubrité intérieure, par Ad. Ferker, inspecteur général des mines. 1 volume in-8° avec figures . . . . . . . . . . . . . . . . . . .   4 fr.

## Métallurgie.

Album du cours de métallurgie professé à l'École centrale des Arts et Manufactures, par Jordan, ingénieur des mines métallurgiques, professeur à l'École centrale. 1 atlas de 140 planches in-folio, cotées et à l'échelle, et 1 volume grand in-8°   80 fr.

## Métallurgie.

Traité complet de métallurgie, comprenant l'art d'extraire les métaux de leurs minerais et de les adapter aux divers usages de l'industrie, par Percy, professeur à l'École des mines de Londres. Traduit avec l'autorisation et sous les auspices de l'auteur, avec introduction, notes et appendices, par A.-E. Petitgand et A. Ronna, ingénieurs. 5 volumes grand in-8°, avec de nombreuses gravures . . . . .   75 fr.
Chaque volume se vend séparément. . . . . . . . . . . . . .   18 fr.

## Métallurgie.

Traité théorique et pratique de la métallurgie du fer, comprenant la fabrication de la fonte, du fer, de l'acier et du fer-blanc, à l'usage des savants, des ingénieurs et des Écoles spéciales, par C.-E. Jullien, ancien ingénieur du Creusot, de l'usine de Montataire et des aciéries de Pétin, Gaudet et Cie. 1 volume et 1 atlas in-4°, de 52 planches doubles . . . . . . . . . . . . . . . . . .   36 fr.

## Métallurgie.

Cours de métallurgie professé à l'École des mines de Saint-Étienne, par Urbain Le Verrier, ingénieur des mines.
1re *partie.* Métallurgie des métaux autres que le fer, comprenant la métallurgie du plomb, du cuivre, du zinc, de l'étain, de l'antimoine et du bismuth, du nickel et cobalt, du mercure, de l'argent, de l'or et du platine. 1 volume in-4°, avec 43 planches . . . . . . . . . . . . . . . . . . .   18 fr.
2e *partie.* Métallurgie générale. *Épuisée.*
3e *partie.* Métallurgie de la fonte. 1 volume in-4°, avec 17 planches . . .   18 fr.

## Métallurgie.

État actuel de la métallurgie du fer dans le pays de Siegen (Prusse), notamment de la fabrication des fontes aciéreuses, par Jordan. 1 volume in-8°, avec planches.
5 fr.

## La crise industrielle russe.

Contribution à l'étude de la crise industrielle du Donetz. Géologie de Krivoï-Rog et de Kertsch, production sidérurgique de la Russie méridionale, par J. Corbe-Werner, ingénieur. 1 volume grand in-8°, contenant 19 planches hors texte et 4 cartes. Relié . . . . . . . . . . . . . . . . . . .   10 fr.

## Crise industrielle du plomb.

La crise de l'industrie française du plomb, par G. Hyvert, ingénieur et minéralogiste. 1 volume in-4° . . . . . . . . . . . . . . . . . .   5 fr.

### Électro-Métallurgie.

Traité d'électrométallurgie, Magnésium, lithium, glucinium, sodium, potassium, calcium, aluminium, cerium, lanthane, didyme, cuivre, argent, or, zinc, cadmium, mercure, étain, plomb, bismuth, antimoine, chrome, manganèse, fer, nickel, cobalt, platine, etc., par W. Borchers, professeur à l'Ecole de métallurgie de Duisburg, traduit d'après la deuxième édition allemande, par le Dr L. Guetier. 1 volume grand in-8°, avec 198 figures dans le texte. Relié . . . . . . . . . . . . . . . . 25 fr.

### Électro-Métallurgie.

Traité théorique et pratique d'électro-métallurgie. Galvanoplastie, analyses électrolytiques, électro-métallurgie par voie humide, méthodes électrolytiques, calcul des conducteurs, chauffage électrique, l'arc voltaïque et charbons électriques, travail électrique des métaux, les fours électriques; électro-métallurgie par voie sèche, méthodes électrolytiques et électro-thermiques, électro-thermie, par Adolphe Minet, officier de l'instruction publique, fondateur de l'usine d'aluminium de *Saint-Michel-de-Maurienne*, directeur du journal *l'Electro-Chimie*. 1 volume grand in-8°, contenant 205 figures dans le texte. Relié . . . . . . . . . . . . . . . . 20 fr.

### Électro-Chimie.

Traité théorique et pratique d'électro-chimie. Constantes chimiques, mécaniques et électriques. Systèmes électrolytiques, Lois générales de l'électrolyse. Théorie de l'électrolyse. Traitement électrolytique des composés chimiques. Electrolyse appliquée à la chimie organique. Réaction chimique de l'étincelle et de l'effluve électriques, par Adolphe Minet, directeur du journal *l'Electro-Chimie*. 1 volume in-8°, contenant 200 figures dans le texte. Relié . . . . . . . . . . . . . . . . 18 fr.

### Exercices d'électro-chimie.

Exercices d'électrochimie, par Félix Œttel, traduits de l'allemand par G. Ducuesse et précédés d'une préface de Jean Kulwig, professeur à l'Université de Liège, 1 brochure grand in-8°, avec figures dans le texte. . . . . . . . . . 2 fr. 50

### Galvanisation à froid.

La galvanisation à froid ou zingage électro-chimique, par L. Quivy, chimiste électricien. 1 brochure grand in-8°, avec figures dans le texte. . . . . . . . 2 fr. 50

### Galvanisation du fer.

N. B. Les études suivantes ont paru dans le *Portefeuille des Machines* et se vendent, avec la livraison qui les renferme, au prix de 2 fr. la livraison.
Galvanisation à froid, système Cowper-Coles. Livr. de septembre 1894. 2 fr.
La galvanisation électrique ou zingage galvanique. Livraisons de juillet et août 1898 . . . . . . . . . . . . . . . . . . . . . . . . . . . . . 4 fr.

### Voie humide. Cuivre, argent et or.

Extraction de cuivre, de l'argent et de l'or par la voie humide, par Ch. Defrance, ingénieur civil. 1 volume in-8°, avec 22 figures dans le texte. Relié. . . . 7 fr. 50

### Docimasie.

Docimasie. Traité d'analyse des substances minérales, par Rivot, ingénieur en chef des mines, professeur de docimasie à l'Ecole des mines de Paris. 2e édition. 5 volumes grand in-8° . . . . . . . . . . . . . . . . . . . . . 50 fr.

### Guide du chimiste métallurgiste et de l'essayeur.

Guide pratique du chimiste métallurgiste et de l'essayeur. Prélèvement et préparation des échantillons, opérations chimiques du laboratoire d'analyses métallurgiques, analyse et essai des combustibles, analyse des gaz, analyse et essai des matériaux réfractaires, analyse des eaux industrielles, analyse des minerais et des métaux, alliages, données numériques, par Campredon, chimiste-métallurgiste, essayeur de commerce et directeur du Laboratoire d'analyses métallurgiques et industrielles de Saint-Nazaire, précédé d'une préface de M. P. Mahler, ingénieur civil des mines. Ouvrage honoré d'un prix de la Société d'Encouragement pour l'industrie nationale. 1 volume grand in-8°, avec de nombreuses figures dans le texte. Relié . . . . . . . . . . . . . . . . . . . . . . . . . . . . 30 fr.

### Essai des combustibles.

Manuel pour l'essai des combustibles et le contrôle des appareils de chauffage. — Mesure des températures. — Analyse et détermination du pouvoir calorifique des combustibles. — Analyse des gaz des foyers. — Combustibles solides, liquides et gazeux. — Gazogènes et appareils de chauffage. — Contrôle des foyers des chaudières à vapeur fixes et des locomotives, des fours métallurgiques et industriels, des cheminées, des poêles et des calorifères, par le Dr F. Fischer, professeur à l'Université de Gœttingue, traduit d'après la quatrième édition allemande, par le Dr L. Gautier. 1 volume in-12, avec 54 figures dans le texte. Relié. . . . . . 6 fr.

### Analyse des laboratoires d'aciéries Thomas.

Méthodes d'analyses des laboratoires d'aciéries Thomas. Échantillonnage. Préparation. Dosages. Calculs à l'usage du personnel des chimistes et des manipulateurs, par Albert Wisselius, chef de laboratoire aux établissements de Neuves-Maisons. 1 volume in-18, contenant 19 figures dans le texte. Relié . . . . . . . . . . 4 fr.

### Dosage du soufre.

Dosage du soufre dans les produits de la sidérurgie, par L. Campredon, chimiste métallurgiste. 1 volume grand in-8°. . . . . . . . . . . . . . . . . . . 7 fr. 50

### Essais au chalumeau.

Instructions pratiques concernant la conduite des essais qualitatifs et quantitatifs au chalumeau, à l'usage des prospecteurs, mineurs, essayeurs, etc., par E.-L. Fletcher, traduites et interprétées avec l'autorisation de l'auteur, par E. Morineau, ingénieur civil des mines. 1 volume in-12, format de poche. Relié . . . . . . . . 6 fr.

### Essais de minerais de fer.

Des fraudes dans les essais contradictoires de minerais de fer, par J. Thoyot. Une brochure in-8°. . . . . . . . . . . . . . . . . . . . . . . . . . . 1 fr.

### Alliages de cuivre et de zinc.

Recherches sur les alliages de cuivre et de zinc, par Georges Charpy, ancien élève de l'École polytechnique, docteur ès sciences, avec 14 figures dans le texte, 4 planches en phototypie et de nombreux tableaux. Ce mémoire a paru dans la livraison de février 1896 du Bulletin de la Société d'Encouragement. Prix de la livraison . . . . . . . . . . . . . . . . . . . . . . . . . . . 5 fr.

### Préparation des minerais.

Traité pratique de la préparation des minerais, manuel à l'usage des praticiens et des ingénieurs des mines, par C. Linkenbach, ingénieur des usines à plomb argentifère d'Ems, traduit de l'allemand par H. Couthoy, ingénieur des mines. 1 volume grand in-8° avec 24 planches. Relié. . . . . . . . . . . . . . . . 30 fr.

### Grillage des minerais.

Traité théorique des procédés métallurgiques de grillage, par Platiner (traduit de l'allemand), annoté et augmenté, par Alphonse Fétis. 1 volume in-8°, avec planches
12 fr.

### Laminage du fer et de l'acier.

Traité théorique et pratique du laminage du fer et de l'acier, par Léon Geuze, ingénieur principal à la Société anonyme des forges et aciéries du Nord et de l'Est, à Valenciennes. 1 volume grand in-8° et 1 atlas de 84 planches. Relié. . . . 25 fr.

### Trempe de l'acier.

L'acier à outils, manuel traitant de l'acier à outils en général, de la façon de le traiter au cours des opérations de forgeage, du recuit, de la trempe et des appareils employés à cet effet, à l'usage des métallurgistes, fabricants et chefs d'atelier, par Otto Thallner, ingénieur en chef, chef de la fabrication aux aciéries à outils de Bismarkhutte, traduit de l'allemand par Rosamoert, ingénieur des arts et manufactures, ancien ingénieur des aciéries Martin et au creuset de Resicza, chef de service aux aciéries de France. 1 volume in-8°. Relié. . . . . . . . . . . . . 8 fr.

### Trempe de l'acier.

Théorie et pratique de la trempe de l'acier. Définition, classification, propriétés physiques et chimiques, dénomination des aciers, essais des aciers, trempe de l'acier, causes d'insuccès de la trempe, amélioration de l'acier altéré par le feu, soudage de l'acier, amélioration des pièces d'acier destinées aux machines et aux constructions, par FRIDOLIN REISER, directeur de l'aciérie de Kapfenberg, 2ᵉ édition, traduit de l'allemand, par BARBARY DE LANGLADE, ancien élève de l'Ecole polytechnique, ingénieur civil des mines, maître de forges, 1 volume in-8°. Relié. . . . . 7 fr. 50

## Convertisseurs.

Les convertisseurs pour cuivre, par P. JANNETTAZ, ingénieur, Répétiteur à l'Ecole centrale, 1 brochure grand in-8°, contenant 23 figures dans le texte et 1 planche (*Extrait des Mémoires et Comptes Rendus de la Société des Ingénieurs civils*).
3 fr.

## Fabrication des poutrelles ou fers I.

Sur les conditions techniques et économiques actuelles de la fabrication des poutrelles ou fers I en Belgique : le minerai et le charbon ét ut pris comme points de départ, par H. WOLFERS. 1 volume in-8°, avec 2 planches . . . . . . . . . . 6 fr.

## Hauts fourneaux.

Construction et conduite des hauts fourneaux et fabrication des diverses fontes, par A. DE VATHAIRE, ancien directeur des hauts fourneaux de Bessèges, Saint-Louis, Marnaval, Forges de Champagne et Balaruc, 1 volume grand in-8° et 1 atlas in-4° de 16 planches. . . . . . . . . . . . . . . . . . . . . . . . . . . . . 18 fr.

## Utilisation des gaz des hauts fourneaux.

De l'utilisation directe des gaz des hauts fourneaux pour la production de la force motrice, par H. HUBERT, ingénieur en chef des mines, chargé de cours à l'Université de Liège (*Extrait du Congrès international des mines et de la métallurgie, tenu à Paris en 1900*). 1 brochure grand in-8° . . . . . . . . . . . . . . . 2 fr. 50

## Pyromètre.

Pyromètre actinométrique, par LATARCHE. 1 brochure grand in-8°. . . . . . 1 fr.

## Manuel du fondeur.

Manuel du fondeur-mouleur en fer. Etudes : 1° sur les fontes de moulage; analyses et mélanges; 2° l'installation et le matériel complet d'une fonderie de moyenne importance, pour moulage en pièces mécaniques; 3° le moulage en terre; 4° le moulage au trousseau en sable: 5° le moulage en fonte trempée, par E. MOLERAT, chef fondeur-mouleur. 1 volume grand in-8°, avec 69 planches. . . . . . . . . . 15 fr.

## L'Art du mouleur.

L'art du mouleur. Manuel pratique. Moulage des pièces dans le sable humide, confection des divers types de moules, disposition des coulées, canaux de dégagement des gaz, fabrication des petits noyaux. Moulage en sable séché. Moulage en terre et noyaux. Vocabulaire technique des termes employés chez les mouleurs, par A. TESSON, ancien chef d'atelier de fonderie, ancien élève des Ecoles nationales d'arts et métiers. 1 volume grand in-8°, avec 286 figures dans le texte. Relié . . . . 20 fr.

## L'acier dans les constructions.

De l'emploi de l'acier dans les constructions navales, civiles et mécaniques, par PÉNISSÉ. 1 volume grand in-8° . . . . . . . . . . . . . . . . . . . . . . 3 fr.

## L'acier et ses applications.

L'acier dans ses principales applications, procédés de fabrication *Bessemer, Thomas, Martin-Siemens*. Petits convertisseurs, *Robert, Cambier, Tropenas*, par J. MALENGHAU. 1 volume in-8°, avec 2 planches. . . . . . . . . . . . . . 5 fr.

## Cylindres de laminoirs.

Fabrication des cylindres de laminoir, par DENY. 1 volume in-8°, avec 3 planches.
5 fr.

## Métallurgie de l'aluminium.

Note sur la métallurgie de l'aluminium et sur ses applications, par U. LE VERRIER, ingénieur en chef des mines, professeur au Conservatoire des Arts et Métiers, 1 brochure grand in-8° . . . . . . . . . . . . . . . . . . . . . . . . . . 2 fr. 50

### Aluminium et nickel.

L'aluminium et le nickel. Conférence faite devant l'Association française pour l'avancement des sciences, par Jules Garnier, 1 brochure in-8°. . . . 2 fr. 50

### Usine Krupp.

L'usine Krupp, notice par Frédéric G. G. Muller, 1 volume in-4°, avec de nombreuses illustrations de Félix Schmidt et Anders Montan. Relié. . . . . . . 25 fr.

---

# CHIMIE ET INDUSTRIES CHIMIQUES

### Histoire de la chimie.

Histoire de la chimie. I. Histoire des grandes lois chimiques. — II. Histoire des métalloïdes et de leurs principaux composés. — III. Histoire des métaux et de leurs principaux composés. — IV. Histoire de la chimie organique, par R. Jagnaux. 2 volumes grand in-8°, contenant plus de 1 500 pages. . . . . . . . . . . 32 fr.

### Aide-mémoire du chimiste.

Aide-mémoire du chimiste. Chimie inorganique, chimie organique, documents chimiques, documents physiques, documents minéralogiques, etc., etc., par R. Jagnaux. 1 beau volume, contenant environ 1 000 pages, avec figures dans le texte, solidement relié en maroquin. . . . . . . . . . . . . . . . . . . . 15 fr.

### Vade-Mecum du fabricant de produits chimiques.

Vade-mecum du fabricant de produits chimiques, par le Dr G. Lunge, professeur de chimie industrielle à l'École Polytechnique fédérale de Zurich, traduit de l'allemand sur la 2e édition par V. Hasenester et Puosr, chimistes-industriels. 1 volume in-12, avec figures dans le texte, relié . . . . . . . . . . . . . . . . 7 fr. 50

### Traité de chimie.

Traité de chimie avec la notation atomique, à l'usage des élèves de l'enseignement primaire supérieur, de l'enseignement secondaire moderne et classique, des candidats aux écoles du gouvernement et aux élèves de ces écoles, par Louis Serres, ancien élève de l'École Polytechnique, professeur de chimie à l'École municipale supérieure Jean-Baptiste-Say. 1 volume in-8°, avec figures dans le texte . . . . . . . . 10 fr.
*On vend séparément :*
Première partie : Métalloïdes. . . . . . . . . . . . . . . . . . 3 fr. 50
Deuxième partie : Métaux. . . . . . . . . . . . . . . . . . . . 3 fr. 50
Troisième partie : Chimie organique. . . . . . . . . . . . . . . 3 fr. 50

### Cours de chimie.

Cours de chimie à l'usage des candidats aux Écoles nationales des Arts et Métiers, par Louis Serres, ancien élève de l'École polytechnique, professeur de chimie à l'École municipale Jean-Baptiste-Say. 1 volume petit in-8°, contenant 123 figures dans le texte, cartonné. . . . . . . . . . . . . . . . . . . . . . . . 2 fr. 50

### Cours de physique.

Cours de physique à l'usage des candidats aux Écoles nationales des Arts et Métiers, par Louis Serres, ancien élève de l'École polytechnique, professeur à l'École municipale Jean-Baptiste-Say. 1 volume petit in-8°, contenant 281 figures dans le texte, cartonné. . . . . . . . . . . . . . . . . . . . . . . . . . . . 3 fr.

### Chimie appliquée à l'industrie.

Traité de chimie appliquée à l'industrie, par Adolphe Renard, docteur ès sciences, professeur de chimie appliquée à l'École supérieure des sciences de Rouen. 1 volume grand in-8°, avec 225 figures dans le texte. . . . . . . . . . . . . . . . 20 fr.

### Chimie médicale et pharmaceutique.

Traité de chimie minérale, médicale et pharmaceutique, par le Dr R. Huguet, professeur de chimie et de toxicologie à l'École de médecine et de pharmacie de Clermont-Ferrand, pharmacien en chef des hospices, inspecteur des pharmacies, ex-interne lauréat des hôpitaux de Paris, 2e édition. 1 volume grand in-8°, de plus de 1 000 pages, avec 427 figures dans le texte . . . . . . . . . . . . . . 15 fr.

### Cours élémentaire de chimie.

Cours élémentaire de chimie, professé à la Faculté des sciences de Paris, pour les candidats au Certificat d'études physiques, chimiques et naturelles (P. C. N.), par A. Joannis. 1 volume in-8°, avec figures dans le texte, relié . . . . . . . . . 10 fr.

*On vend séparément :*
Première partie : Généralités, mécanique chimique, métalloïdes . . . . . . 3 fr. 50
Deuxième partie : Métaux. . . . . . . . . . . . . . . . . . . . . . . 1 fr. 50
Troisième partie : Chimie organique. . . . . . . . . . . . . . . . . . 3 fr. 50
Quatrième partie : Chimie analytique . . . . . . . . . . . . . . . . . 1 fr. 50

### Chimie organique.

Traité élémentaire de chimie organique, par A. Bernthsen, directeur scientifique de la société *Badische anilin und soda fabrick*, ancien professeur à l'Université de Heidelberg, traduit sur la 6e édition allemande par M. Choffel (introduction et série aromatique) et E. Sucs (série grasse), chimistes au laboratoire de recherches de l'usine Poirrier. 1 volume in-8°. Relié . . . . . . . . . . . . . . . . . 15 fr.

### Lois générales de la Chimie.

Lois générales de la Chimie. Lois chimiques des masses, lois chimiques de l'énergie, lois chimiques relatives aux réactions réversibles, résistances passives dans les transformations chimiques et procédés pour les surmonter ; introduction du cours de chimie générale professé à l'École nationale des mines, par G. Chesneau, ingénieur en chef des mines. 1 volume grand in-8°, avec figures dans le texte . . . . 7 fr. 50

### Analyse chimique.

Traité d'analyse chimique des substances commerciales, minérales et organiques. Analyse qualitative, analyse quantitative. Métalloïdes, métaux, substances organiques, matières tannantes, terres arables, engrais, substances alimentaires, boissons fermentées, matières colorantes naturelles, matières diverses, par R. Jagnaux, 2e édition. 1 volume grand in-8e, avec figures dans le texte. Relié . . . . . . . . 20 fr.

### Analyse chimique.

Tableaux d'analyse chimique minérale, d'après Fresénius, par C. Desmazures. 11 tableaux figuratifs renfermés dans un carton. . . . . . . . . . . . . . 20 fr.

### Manipulations chimiques.

Manipulations chimiques qualitatives et quantitatives préparatoires à l'étude systématique de l'analyse, par L.-L. de Koninck, ingénieur honoraire des mines, professeur à l'Université de Liège. 1 volume in-12, avec figures dans le texte. . . 2 fr. 50

### Dictionnaire d'analyse.

Dictionnaire d'analyse des substances organiques, industrielles et commerciales, par Adolphe Renard, docteur ès sciences, professeur de chimie à l'École supérieure des sciences de Rouen. 1 volume in-8°, avec figures dans le texte, relié. . . . 10 fr.

### Traitement bactérien des eaux d'égout.

Le traitement bactérien des eaux d'égout, par G. Thudichum, traduit de l'anglais par F. Launay, ingénieur en chef des ponts et chaussées, à l'usage des conseillers municipaux et des ingénieurs municipaux. 1 volume in-8°. . . . . . . . . 2 fr. 50

### Analyse de l'eau.

Guide pratique pour l'analyse de l'eau. Analyse chimique, micrographique et bactériologique, par le Dr W. Ohlmuller, professeur d'hygiène à l'Université de Berlin, traduit d'après la 2e édition allemande, par le Dr L. Gautier. 1 volume in-8°, avec 77 figures dans le texte et une planche. Relié . . . . . . . . . . . . . . 10 fr.

### Méthodes de travail pour le laboratoire.

Méthodes de travail pour les laboratoires de chimie organique, par le Dr Lassar Cohn, professeur de chimie à l'Université de Kœnigsberg, traduit de l'allemand par E. Ackermann, ingénieur civil des mines. 1 volume in-12, avec figures dans le texte. Relié. . . . . . . . . . . . . . . . . . . . . . . . . . . . . . 7 fr. 50

### Industries du zinc et de l'acide sulfurique.

Manuel de chimie analytique appliquée aux industries du zinc et de l'acide sulfurique, par Eug. Prost, chef des travaux et répétiteur du cours de chimie analytique à l'Université de Liège, et V. Hasskeidten, chimiste-industriel. 1 volume grand in-8°, avec figures dans le texte . . . . . . . . . . . . . . . . . . . . . . . . . . . 7 fr. 50

### Chimie unitaire.

Principes de chimie unitaire. Théorie des atomicités et des types, par Havrez, ingénieur des mines. 1 volume in-8°. . . . . . . . . . . . . . . . . . . . . . 3 fr.

### Produits chimiques.

Examen comparatif de la fabrication des produits chimiques en Belgique et en Angleterre, par Marlin. 1 volume in-8°, avec planches. . . . . . . . . . . . 4 fr.

### Combustions spontanées.

Etude scientifique et juridique sur les combustions spontanées réelles ou supposées, spécialement au cours de transports par chemins de fer ou maritimes, par E. Tabariès de Grandsaignes, membre de la Société chimique de Paris et de la Société géologique de France, avocat, sous-chef du contentieux à la Compagnie des chemins de fer de l'Ouest. 1 volume grand in-8°. . . . . . . . . . . . . . . . . . . . . . 7 fr. 50

### Épuration des eaux.

Traité de l'épuration des eaux naturelles et industrielles; analyse et essais des eaux, inconvénients de l'impureté des eaux, examen des procédés physiques employés à l'épuration des eaux, épuration ou correction chimique, systèmes mixtes, corrections des eaux dans les chaudières, description et examen critique des appareils, épuration des eaux résiduelles, par Delhotel. 1 volume grand in-8°, avec 117 figures dans le texte. Relié . . . . . . . . . . . . . . . . . . . . . . . . . . . . 15 fr.

### Eaux d'alimentation de Toulouse.

Les eaux d'alimentation de la ville de Toulouse. Leur histoire, leur rôle au point de vue hygiénique; contribution à l'étude des filtres naturels, par le Dr Henri Marboul, préparateur à la Faculté des sciences de Toulouse. 1 volume grand in-8°, avec 2 planches. . . . . . . . . . . . . . . . . . . . . . . . . . . . . . . . 7 fr.

### Les eaux potables.

Les eaux potables et leur rôle hygiénique dans le département de Meurthe-et-Moselle, par le Dr Ed. Imbeaux, ingénieur des ponts et chaussées, directeur du service municipal de Nancy. 1 volume grand in-8° et 1 atlas in-4° contenant 9 tableaux et 12 planches. . . . . . . . . . . . . . . . . . . . . . . . . . . . . . . . . . 20 fr.

### Fabrication du gaz.

Traité théorique et pratique de la fabrication du gaz. Aide-mémoire et formulaire. Combustibles minéraux, appareils de distillation, appareils de chauffage, chauffage des fours, cheminées, distillation de la houille, étude du gaz d'éclairage, épuration, extraction, mesurage du gaz fabriqué, emmagasinage du gaz, émission, distribution du gaz, mesurage du gaz chez les abonnés, emploi du gaz à l'éclairage, au chauffage, à la ventilation et à la production de la force motrice, photométrie, eaux ammoniacales, goudron, coke, prix de revient du gaz; à l'usage des ingénieurs, directeurs et constructeurs d'usines à gaz, par Edmond Borias, ingénieur des arts et manufactures, directeur d'usines à gaz. 1 volume in-8°, avec figures dans le texte. Relié . .   25 fr.

### Distribution du gaz.

Calcul des conduites de distribution du gaz d'éclairage et de chauffage, par D. Monnier. 1 volume in-4° . . . . . . . . . . . . . . . . . . . . . . . . . 10 fr.

### L'éclairage à Paris.

L'éclairage à Paris. Etude technique des divers modes d'éclairage employés à Paris sur la voie publique, dans les promenades et jardins, dans les monuments, les gares, les théâtres, les grands magasins, etc., et dans les maisons particulières. — Gaz, électricité, pétrole, huile, etc.; usines et stations centrales, canalisation et appareils d'éclairage; organisation administrative et commerciale, rapports des Compagnies avec la ville; traités et conventions; calcul de l'éclairage des voies publiques; prix de revient, par Henri Maréchal, ingénieur des ponts et chaussées et du service municipal de la ville de Paris. 1 volume grand in-8°, avec 221 figures dans le texte. Relié.
20 fr.

## Conservation des bois et des substances alimentaires.

Traité de la conservation des bois, des substances alimentaires et des diverses matières organiques, par PACLET, 1 volume grand in-8°. . . . . . . . . . . . . . 9 fr.

## Traité de Savonnerie.

Traité pratique de savonnerie. Matières premières, matériel, procédés de fabrication de savons de toute nature, par Édouard Moride, ingénieur-chimiste. Ouvrage couronné par la Société industrielle du nord de la France. 2e édition complètement remaniée. 1 volume grand in-8°, avec 115 figures dans le texte. Relié. . . . . 16 fr.

## Les Huiles essentielles.

Les huiles essentielles et leurs principaux constituants : alcools terpéniques et leurs éthers. — Aldéhydes. — Cétones. — Lactones. — Phénols et dérivés. — Aldéhydes-phénols. — Cinéol. — Terpènes et sesquiterpènes. — Éthers d'alcools de la série grasse. — Composés sulfurés. — Corps à sécher, par E. Charabot, professeur d'essais et analyses à l'Institut commercial, examinateur dans les jurys des Écoles supérieures de commerce de Paris, J. Dupont, chimiste industriel, ancien préparateur au laboratoire de chimie organique de la Faculté des sciences de Paris, et L. Pillet, ingénieur chimiste, distillateur d'huiles essentielles, avec une préface de E. Guignaux, membre de l'Institut. Un très fort volume in-8° . . . . . . . . . . . . . 20 fr.

## Distillerie.

Manuel de distillerie. Guide pratique pour l'alcoolisation des grains, des pommes de terre et des matières sucrées, par le Dr Bechelin, directeur de l'Institut technique de distillerie de Weihenstephan (Bavière), traduit de l'allemand et augmenté de nombreuses additions, par le Dr L. Gautier. 1 volume grand in-8°, avec 156 figures dans le texte. Relié . . . . . . . . . . . . . . . . . 20 fr.

## Brasserie.

Traité complet théorique et pratique de la fabrication de la bière et du malt, comprenant la description de tous les procédés, machines et appareils les plus récents, suivi du texte de la législation fiscale régissant la brasserie dans divers pays, par J. Carteuvels et Charles Stammer. 1 volume grand in-8°, avec 150 gravures sur bois . . . . . . . . . . . . . . . . . 20 fr.

## Fabrication du chocolat.

La fabrication du chocolat et des autres préparations à base de cacao. Pays de production, histoire et culture du cacaoyer, description botanique du cacaoyer et de ses fruits, la récolte, le terrage. Les fèves de cacao. Sortes commerciales des fèves de cacao. Commerce des fèves de cacao. Consommation des produits fabriqués. Composition chimique des fèves de cacao. Les coques du cacao. Matières à additionner aux chocolats. Fabrication du chocolat. Fabrication du cacao en poudre et du cacao soluble. Conservation et emballage des produits fabriqués. Appareils de transport. Moteurs. Installation d'une chocolaterie et d'une fabrique de cacao. Examen chimique et microscopique des produits à base de cacao. Règlements officiels. Législation douanière française. Composition et fabrication de quelques préparations diététiques à base de cacao, par le Dr P. Zipperer, 1 volume grand in-8° contenant 87 figures dans le texte et 2 planches. Relié . . . . . . . . . . . . . . . . 20 fr.

## Sucrerie.

Épuration des jus sucrés par l'électricité par L. Quivy, électro-chimiste. 1 brochure in-12 . . . . . . . . . . . . . . . . . 3 fr. 50

## Saccharimétrie optique.

Exposé élémentaire des principes de saccharimétrie optique, par G. Césano, professeur à l'Université de Liège et P. Bessy, directeur de l'école sucrière belge. 1 brochure in-8° avec 28 figures dans le texte . . . . . . . . . . . . . . . 2 fr. 50

## Aide-mémoire de sucrerie.

Aide-mémoire de sucrerie. Renseignements chimiques, renseignements techniques, renseignements agricoles, par D. Sidersky, ingénieur-chimiste, conseil technique de sucrerie et de distillerie. 1 volume in-12, avec de nombreux tableaux, Relié . . . . . . . . . . . . . . . . . 10 fr.

## Industrie sucrière. —Comptabilité.

Monographie comptable d'une fabrique de sucre, organisation, inspection, direction et appropriation de comptabilités sucrières, commissariat de surveillance, par J. Chevalier, expert-comptable professeur. 1 volume in-8° . . . . . . . . . . . 12 fr.

## Corps gras.

Corps gras. Huiles, graisses, beurres, cires, par A. Renard. 1 volume in-8°.       6 fr.

## Vernis et huiles siccatives.

Vernis et huiles siccatives. Vernis volatils et vernis gras : matières premières, résines, dissolvants, colorants ; huiles siccatives, propriétés et applications ; travail des huiles à chaud et à froid, fabrication, emploi, essais des différents vernis, par Ach. Livseur, ingénieur civil des mines. 1 volume in-12, avec figures dans le texte, relié . . . . . . . . .   . . . . . . . . . . . . . . . . 10 fr.

## Peinture industrielle.

Traité pratique de peinture industrielle. Provenances, fabrication, qualités, défauts et analyse des couleurs. Huiles, siccatifs, essences, vernis. Imitations, de bois et de marbre. Dorure, bronzure. Peintures d'équipages et autres voitures. Procédés nouveaux, par A. Sorus, professeur de peinture à l'École indus-trielle de Louvain, 1 volume grand in-8° contenant plusieurs planches hors texte 15 fr.

## Peinture au blanc de zinc.

La peinture au blanc de zinc, son emploi. Formulaire de 100 dosages et prépara-tions, par A. Sorus, professeur de peinture à l'École industrielle de Louvain. Bro-chure in-8° . . . . . . . . . . . . . . . . . .   . . . 1 fr. 50

## Huiles, essences, vernis, couleurs.

Les matières premières employées en imprimerie, art et peinture. Étude prépara-toire et emploi des huiles, essences, vernis et couleurs, par Raoul Lemoine, ingénieur-chimiste et Ch. du Masuin, critique d'art. 1 volume grand in-8° . . . . . . . 6 fr.

## Matières colorantes artificielles.

Traité pratique des matières colorantes artificielles dérivées du goudron de houille, par A.-M. Villon, ingénieur chimiste. 1 volume grand in-8°, avec figures dans le texte . . . . . . . . . . . . . . . . . . . . . . . . . . . 20 fr.

## Teinture des soies.

Traité de la teinture des soies, précédé de l'histoire chimique de la soie et de l'histoire de la teinture de la soie, par Marius Moynet. 1 volume in-8° . . . 20 fr.

## Traité de la Teinture et de l'Impression.

Traité de la teinture et de l'impression des matières colorantes artificielles par J. Depierre.

*Première partie.* Épuisée.

*Deuxième partie :* L'alizarine artificielle et ses dérivés. 1 volume grand in-8° contenant 181 échantillons tant imprimés que teints, sur coton, jute, etc., 19 planches hors texte et 108 figures, relié . . . . . . . . . . . . 40 fr.

*Troisième partie :* Le noir d'aniline, l'indigot naturel, l'indigot artificiel, impres-sion sur laine. 1 volume grand in-8° contenant 176 échantillons, 10 planches hors texte. 51 figures et 1 carte. Relié . . . . . . . . . . . . . . . . 35 fr.

*Quatrième partie :* Couleurs azoïques fixées directement sur la fibre, couleurs azophores, etc., leurs applications sur les divers fibres, genre divers dérivés de ces applications, nouvelles matières colorantes artificielles rouges. 1 volume grand in-8° contenant 200 échantillons tant imprimés que teints, sur coton, laine, jute, soie, etc. et 3 planches hors texte. Relié . . . . . . . . . . . 35 fr.

## Apprêts des tissus de coton.

Traité des apprêts et spécialement des tissus de coton, blancs, teints et imprimés, par J. Depierre, 1 volume grand in-8° avec 223 gravures dans le texte, 35 planches et 131 échantillons. Relié . . . . . . . . . . . . . . . . . . . . 40 fr.

*Épuisé, une nouvelle édition est en préparation.*

## La Garance.

Dictionnaire bibliographique de la garance, par Clouet et Depierre. 1 volume grand in-8° . . . . . . . . . . . . . . . . . . . . . . . . . . . 10 fr.

## Fixage des couleurs.

Traité du fixage des couleurs par la vapeur, par Joseph Depierre, 1 volume grand in-8°, avec 10 planches . . . . . . . . . . . . . . . . . . . . 10 fr.

## Impression et teinture.

L'impression et la teinture des tissus à l'Exposition universelle de 1878, Rapport présenté à la Société industrielle de Rouen, par JOSEPH DEPIERRE, 1 brochure grand in-8° . . . . . . . . . . . . . . . . . . . . . . . . . . . 3 fr. 50

## Fabrication des matières de blanchiment.

Traité de la fabrication des matières de blanchiment. — Chlore et chlorure de chaux. — Liquides de blanchiment. — Ozone. — Peroxyde d'hydrogène. — Peroxyde de sodium. — Persulfate d'ammonium. — Percarbonate de potassium. — Permanganate de potassium. — Permanganate de sodium. — Bioxyde de soufre ou acide sulfureux et sulfites. — Acides hydrosulfureux et hydrosulfites, par V. HOTTING; traduit de l'allemand par le Dr L. GATTIN. 1 volume in-8° contenant 240 figures dans le texte. Relié . . . . . . . . . . . . . . . . . . . . . . . . . 15 fr.

## Dégraissage. — Blanchiment.

Traité pratique du dégraissage et du blanchiment des tissus, des toiles, des écheveaux, de la flotte, etc., ainsi que du nettoyage et du détachage des vêtements et des teintures, par A. GULET. 1 volume in-8°, avec gravures dans le texte.
5 fr.

## Fabrication des tissus imprimés.

Guide pratique de la fabrication des tissus imprimés. Impression des étoffes de soie, par D. KÆPPELIN. 1 volume in-12, avec 12 échantillons et 1 planche.
10 fr.

## Machines à laver.

Monographie des machines à laver employées dans le blanchiment, la teinture des fils, écheveaux, chaînes, bobines, le blanchiment et la fabrication des toiles peintes, par JOSEPH DEPIERRE. 1 volume grand in-8°, et atlas de 7 planches
12 fr. 50

## Fabrication des cuirs.

Traité pratique de la fabrication des cuirs et du travail des peaux. Tannage, corroyage, hongroyage, mégisserie, chamoiserie, parcheminerie, cuirs, vernis, maroquins, fourrures, courroies, selles, équipements militaires, harnais, théorie du tannage, statistique des cuirs et des peaux, par VILLON. 1 volume grand in-8° contenant 129 figures dans le texte . . . . . . . . . . . . . . . . . . . . 18 fr.

## Pasteurisation et stérilisation du lait.

Pasteurisation et stérilisation du lait, par le Dr H. DE ROTHSCHILD, lauréat de la Faculté de médecine. 1 volume in-12 avec 33 figures dans le texte. . . . . 1 fr. 50.

## Fabrication du papier.

Manuel de fabrication du papier, par C. F. CROSS et E.-J. BEVAN, traduit de l'anglais par L. DESMARETS, directeur des papeteries G. Maillet, à Thiers. 1 volume in-8° avec 82 figures dans le texte et 2 planches hors texte . . . . . . . . . . 15 fr.

## Fabrication du papier.

Le papier, ou l'art de fabriquer le papier, traduction en français de *Papyrus sive ars conficiendæ Papyri*, par A. BLANCHET, avec le texte en latin de J. Imberdis. 1 volume in-12 imprimé sur papier à la forme. . . . . . . . . . . . . . . 3 fr.

## Fabrication de la cellulose.

Traité pratique de la fabrication de la cellulose, à l'usage des directeurs techniques et commerciaux des fabriques de papier et de cellulose, des chefs d'atelier et des écoles professionnelles, par MAX. SCHUBERT, directeur d'usine, traduit de l'allemand avec notes et additions, par E. BLUAS, ancien élève de l'École Polytechnique, sous-directeur de la Société des Papeteries du Marais et de Sainte-Marie. 1 vol. in-12 avec de nombreuses figures dans le texte. Relié. 10 fr.

ÉVREUX, IMPRIMERIE DE CHARLES HÉRISSEY.

www.ingramcontent.com/pod-product-compliance
Lightning Source LLC
Chambersburg PA
CBHW071525200326
41519CB00019B/6068